U0389338

经济预测科学丛书

应对气候变化的中国方案：从模型到政策

彭　盼　魏云捷　著

科学出版社
北　京

内 容 简 介

本书是一部跨经济学、管理学、环境学与系统科学等多学科研究的专业著作，构建了一个包括经济、能源和气候等多模块的综合模型，针对中国应对气候挑战及其响应行动的特点，在综合模型构建和策略组合分析理论、方法及实践方面进行了系统性研究。本书基于多角度评价指标，从成本有效性和成本收益性两方面评估地区气候政策的减排表现，同时探究适应类和减缓类气候支出之间的交互演化，进而全面地考察减缓和适应类气候变化措施对不同经济部门的气候支出和碳排放结构的影响，并比较减缓和适应类措施对应对与避免气候损失的经济效果。

本书对于从事能源经济学、气候经济学系统建模和经济预测等研究的研究人员、政府有关决策机构和管理部门的工作人员，以及管理、能源等相关行业从业人员都有很好的参考价值。本书也适合高等院校的管理科学、气候经济、能源经济等专业的师生阅读。

图书在版编目（CIP）数据

应对气候变化的中国方案：从模型到政策 / 彭盼，魏云捷著. -- 北京：科学出版社，2025. 2. --（经济预测科学丛书）. -- ISBN 978-7-03-080557-7

Ⅰ．P468.2

中国国家版本馆 CIP 数据核字第 2024GQ8934 号

责任编辑：魏 祎 / 责任校对：贾娜娜
责任印制：张 伟 / 封面设计：有道文化

科 学 出 版 社 出版

北京东黄城根北街 16 号
邮政编码：100717
http://www.sciencep.com
北京市金木堂数码科技有限公司 印刷
科学出版社发行 各地新华书店经销

*

2025 年 2 月第 一 版　开本：720×1000 B5
2025 年 2 月第一次印刷　印张：10 3/4
字数：220 000
定价：126.00 元
（如有印装质量问题，我社负责调换）

丛书编委会

主　编：汪寿阳

副主编：黄季焜　魏一鸣　杨晓光

编　委：（按姓氏汉语拼音排序）

陈　敏　　陈锡康　　程　兵　　范　英　　房　勇

高铁梅　　巩馥洲　　郭菊娥　　洪永淼　　胡鞍钢

李善同　　刘秀丽　　马超群　　石　勇　　唐　元

汪同三　　王　珏　　王　潼　　王长胜　　王维国

吴炳方　　吴耀华　　杨翠红　　余乐安　　曾　勇

张　维　　张林秀　　郑桂环　　周　勇　　邹国华

总　序

　　中国科学院预测科学研究中心（以下简称中科院预测中心）是在全国人民代表大会常务委员会原副委员长、中国科学院原院长路甬祥院士和中国科学院院长白春礼院士的直接推动和指导下成立的，由中国科学院数学与系统科学研究院、中国科学院地理科学与资源研究所、中国科学院科技政策与管理科学研究所、中国科学院遥感应用研究所、中国科学院大学和中国科技大学等科研与教育机构中从事预测科学研究的优势力量组合而成，依托单位为中国科学院数学与系统科学研究院。

　　中科院预测中心的宗旨是以中国经济与社会发展中的重要预测问题为主要研究对象，为中央和政府管理部门进行重大决策提供科学的参考依据和政策建议，同时在解决这些重要的预测问题中发展出新的预测理论、方法和技术，推动预测科学的发展。其发展目标是成为政府在经济与社会发展方面的一个重要咨询中心，成为一个在社会与经济预测预警研究领域中有重要国际影响的研究中心，成为为我国和国际社会培养经济预测高级人才的主要基地之一。

　　自 2006 年 2 月正式挂牌成立以来，中科院预测中心在路甬祥副委员长和中国科学院白春礼院长等领导的亲切关怀下，在政府相关部门的大力支持下，在以全国人民代表大会常务委员会原副委员长、著名管理学家成思危教授为前主席和汪同三学部委员为现主席的学术委员会的直接指导下，四个预测研究部门团结合作，勇攀高峰，与时俱进，开拓创新。中科院预测中心以重大科研任务攻关为契机，充分发挥相关分支学科的整体优势，不断提升科研水平和能力，不断拓宽研究领域，开辟研究方向，不仅在预测科学、经济分析与政策科学等领域取得了一批有重大影响的理论研究成果,而且在支持中央和政府高层决策方面做出了突出贡献，得到了国家领导人、政府决策部门、国际学术界和经济金融界的重视与高度好评。例如，在全国粮食产量预测研究中，中科院预测中心提出了新的以投入占用产出技术为核心的系统综合因素预测法，预测提前期为半年以上，预测各年度的粮食丰、平、歉方向全部正确，预测误差远低于西方发达国家；又如，在外汇汇率预测和国际大宗商品价格波动预测中，中科院预测中心创立了 TEI@I 方法论并成功地解决了多个国际预测难题，在外汇汇率短期预测和国际原油价格波动等预测中处于国际领先水平；再如，在美中贸易逆差估计中，中科院预测中心提出了计算国际贸易差额的新方法，从理论上证明了出口总值等于完全国内增加值和完全进口值之和，提出应当以出口增加值来衡量和计算一个国家的出口规模和两个国家之间的贸易差额，发展出一个新的研究方向。这些工作不仅为中央和政府高层科学决策提供了重要的科学依据和政策建议，所提出的新理论、新方法和新技术也为中国、欧洲、美国、日本、东南亚和中东等国家和地区的许多研究机构所广泛关注、学习和采用，产生了广泛的社会影响，并且许多预测报告的重要观点和主要结论为众多国内外媒体大量报道。最近几年来，中科院预测中心获得了1项国家科技进步奖、6项省部级科技奖一等奖、8项重要国际奖励，以及张培刚发展经济学奖和孙冶方经济科学奖等。

中科院预测中心杰出人才聚集，仅国家杰出青年基金获得者就有18位。到目前为止，中心学术委员会副主任陈锡康教授、中心副主任黄季焜教授、中心主任汪寿阳教授、中心学术委员会成员胡鞍钢教授、石勇教授、张林秀教授和杨晓光教授，先后获得了有"中国管理学诺贝尔奖"之称的"复旦管理学杰出贡献奖"。中科院预测中心特别重视优秀拔尖人才的培养，已经有2名研究生的博士学位论文被评为"全国优秀博士学位论文"，4名研究生的博士学位论文获得了"全国优秀博士学位论文提名奖"，8名研究生的博士学位论文被评为"中国科学院优秀博士学位论文"，3名研究生的博士学位论文被评为"北京市优秀博士学位论文"。

为了进一步扩大研究成果的社会影响和推动预测理论、方法和技术在中国的研究与应用，中科院预测中心在科学出版社的支持下推出这套"经济预测科学丛书"。这套丛书不仅注重预测理论、方法和技术的创新，而且也关注在预测应用方面的流程、经验与效果。此外，丛书的作者们将尽可能把自己在预测科学研究领域中的最新研究成果和国际研究动态写得通俗易懂，使更多的读者和其所在机构能运用所介绍的理论、方法和技术去解决他们在实际工作中遇到的预测难题。

在这套丛书的策划和出版过程中，中国科技出版传媒股份有限公司董事长林鹏先生、副总经理陈亮先生和科学出版社经管分社社长马跃先生提出了许多建议，做出了许多努力，在此向他们表示衷心的感谢！我们要特别感谢路甬祥院士，以及中国科学院院长白春礼院士、副院长丁仲礼院士、副院长张亚平院士、副院长李树深院士、秘书长邓麦村教授等领导长期对预测中心的关心、鼓励、指导和支持！没有中国科学院领导们的特别支持，中科院预测中心不可能取得如此大的成就和如此快的发展。感谢依托单位——中国科学院数学与系统科学研究院，特别感谢原院长郭雷院士和院长席南华院士的长期支持与大力帮助！没有依托单位的支持和帮助，难以想象中科院预测中心能取得什么发展。特别感谢学术委员会前主席成思危教授和现主席汪同三学部委员的精心指导和长期帮助！中科院预测中心的许多成就都是在他们的直接指导下取得的。还要感谢给予中科院预测中心长期支持、指导和帮助的一大批相关领域的著名学者，包括中国科学院数学与系统科学研究院的杨乐院士、万哲先院士、丁夏畦院士、林群院士、陈翰馥院士、崔俊芝院士、马志明院士、陆汝钤院士、严加安院士、刘源张院士、李邦河院士和顾基发院士，中国科学院遥感应用研究所的李小文院士，中国科学院科技政策与管理科学研究所的牛文元院士和徐伟宣教授，上海交通大学的张杰院士，国家自然科学基金委员会管理科学部的李一军教授、高自友教授和杨列勋教授，西安交通大学的汪应洛院士，大连理工大学的王众托院士，中国社会科学院数量经济与技术经济研究所的李京文院士，国务院发展研究中心李善同教授，香港中文大学刘遵义院士，香港城市大学郭位院士和黎建强教授，航天总公司 710 所的于景元教授，北京航空航天大学任若恩教授和黄海军教授，清华大学胡鞍钢教授和李子奈教授，以及美国普林斯顿大学邹至庄教授和美国康奈尔大学洪永淼教授等。

许国志院士在去世前的许多努力为今天中科院预测中心的发展奠定了良好的基础，而十余年前仙逝的钱学森院士也对中科院预测中心的工作给予了不少鼓励和指导，这套丛书的出版也可作为中科院预测中心对他们的纪念！

汪寿阳
2018 年夏

序 言 一

生态环境是人类生存和发展的根基，生态环境变化直接影响文明兴衰演替。全球气候变化（global climate change，GCC）问题已经开始威胁到人类的生存环境，其中人类活动所导致的温室气体排放是温室效应形成的最主要原因。气候变化问题已经成为全球共同关注的热点问题之一。改革开放以来，我国经济发展取得了巨大成就，但同时也伴随着大量的化石能源消耗和温室气体排放。中国特色社会主义进入新时代，我国社会主要矛盾发生转化，人民群众对优美生态环境的需要日益增长。作为全球碳排放量较大的国家，同时也是最大的发展中国家，我国应对气候变化策略的科学制定和实施，对于我国乃至全球应对气候变化均具有非常重要的意义。

党的十八大以来，以习近平同志为核心的党中央围绕应对气候变化提出了一系列新理念、新思想、新战略，开展了一系列根本性、开创性、长远性工作。习近平总书记指出，"实现碳达峰碳中和是一场广泛而深刻的经济社会系统性变革"①。实现碳达峰碳中和，是以习近平同志为核心的党中央统筹国内国际两个大局作出的重大战略决策，是着力解决资源环境约束突出问题、实现中华民族永续发展的必然选择，是构建人类命运共同体的庄严承诺。党的二十届三中全会通过的《中共中央关于进一步全面深化改革　推进中国式现代化的决定》强调，"构建碳排放统计核算体系、产品碳标识认证制度、产品碳足迹管理体系，健全碳市场交易制度、温室气体自愿减排交易制度，积极稳妥推进碳达峰碳中和"。新时代新征程，积极稳妥推进碳达峰碳中和，加快经济社会发展全面绿色转型，对我国实现高质量发展、全面建设社会主义现代化国家具有重大意义。

然而，我国过去多年高增长率和粗放式发展积累起来的高排放问题绝非在短时间内能够解决，以煤炭等化石能源为主的生产消费结构仍需持续优化调整。从资源环境现状来看，我国生产和生活体系向绿色低碳转型的压力依然较大，资源约束趋紧、环境容量不足等问题依然突出，还存在"盲目跟风"类气候投资等涌入市场的现象，重末端治理和"一刀切"行为，轻源头管控和分节奏、分步骤的全局最优的应对策略组合实施，应对气候变化问题的成效要想从根本上得到改善，

---

① 《习近平：高举中国特色社会主义伟大旗帜　为全面建设社会主义现代化国家而团结奋斗——在中国共产党第二十次全国代表大会上的报告》，https://www.gov.cn/xinwen/2022-10/25/content_5721685.htm[2025-02-08]。

依然面临着艰巨的任务与挑战。

作为中国科学院大学的博士毕业生，彭盼博士在攻读博士学位期间，针对我国应对气候变化行动的复杂性和多学科交叉性的特点，在系统学习借鉴经济学、管理学等学科理论和方法的基础上，撰写完成的博士学位论文《中国应对气候变化行动的综合建模与策略分析》受到了函审和答辩专家的高度评价。攻读博士学位期间，彭盼博士作为公派交流访问学者在意大利米兰理工大学和 FEEM（Fondazione Eni Enrico Mattei，埃尼恩里科·马泰）基金会进行了学术访问和交流，在全球顶级的气候变化经济学研究团队中开展了气候变化领域系统建模的理论研究。彭盼博士在取得管理学博士学位之后，先后在以节能环保为主业的中国节能环保集团有限公司和以林业为主业的中国林业集团有限公司任职工作，并于2023 年 12 月入站中国科学院大学经济与管理学院，成为在职博士后研究人员，并持续在生态文明建设领域开展实践创新探究工作，在我国生态环境保护与污染治理方面积累了较为丰富的实践经验，并结合工作实践提出一些创新性的思路和观点，在核心杂志上发表了多篇文章。本部著作就是在博士学位论文的基础上，融合近年来彭盼博士与魏云捷博士合作完成的一些新的研究成果定稿付梓。

《应对气候变化的中国方案：从模型到政策》一书，以"理论与实践"作为切入点，在系统梳理分析国际国内应对气候变化实践经验的基础上，针对中国面临的气候挑战及其响应行动的特点，在系统建模和策略组合分析理论、方法及实践方面进行了系统性研究。本书通过基于传统 DEMETER（de-carbonisation model with endogenous technologies for emission reductions，内生减排技术的脱碳模型）和 WITCH（world induced technical change hybrid，世界诱导技术变更混合）模型构建了中国多部门综合评估模型（integrated assessment model，IAM）和全球-中国多区域综合评估模型，并以这两类自主构建的模型平台对我国应对气候变化行动的优化和评估进行了有益的应用探索。本书是一部跨经济学、管理学、环境学与系统科学等多学科研究的优秀著作，可为我国破解应对气候变化困境、合理制定相关配套政策和措施提供理论指导，具有较高的学术价值。我愿意向气候变化领域的专家学者及广大读者推荐这部著作。

汪寿阳

发展中国家科学院院士

中国科学院特聘研究员

2024 年夏于北京中关村

序　言　二

随着逐渐增强的全球变暖趋势，全球气候变化问题已经成为目前国际政治、经济、法律、外交和环境领域的一个热点和焦点。《巴黎协定》中，全球各国在立即开展应对气候变化的减缓和适应类气候措施方面已经达成共识。全球各地区在经济发展水平、资源禀赋条件、能源产业结构、技术发展水平等方面存在较大的差异，使得关于全球气候变化问题的研究成为一个复杂的系统科学问题，也逐步成为气候经济学的重点研究领域。我国作为全球最大的发展中国家，其经济发展、能源生产和使用、温室气体排放水平是全球总量的重要组成部分。在积极应对全球气候变化挑战的历史背景下，对于中国应对气候变化行为的综合建模和策略选择研究具有非常重要的理论价值和现实意义。

综合评估模型主要用于刻画经济、能源和气候变化相应系统的动态特征和复杂相关性，是综合考虑人类社会生存环境、经济社会发展关系、大气-海洋-陆地环境在内的复杂系统的内生经济增长模型。关于综合评估模型的研究始于美国经济学家 William Nordhaus（威廉·诺德豪斯）于 1994 年构建的动态气候经济综合模型（dynamic integrated model of climate and economy，DICE 模型），在气候经济学、能源经济学和综合交叉领域发挥着举足轻重的作用，为这些学科的理论建模、策略优化选择和政策分析提供了基本的方法论和分析工具。随着气候变化影响的日益严峻，越来越多的研究人员开始在综合评估模型的理论和实践应用层面开展一系列的相关研究。《应对气候变化的中国方案：从模型到政策》一书，在中国应对气候变化的政策分析的理论建模和实践应用方面提供了可供借鉴的思路和方法，不仅丰富了现有气候经济学综合评估模型的建模理论体系，也为中国应对气候变化行动和策略实施的优化分析提供了重要参考。

在理论层面，该书首先从系统模型构建入手，引入不同经济部门的投入产出关系，将综合评估模型中经济部门细分为第一产业、第二产业和第三产业部门，使得综合评估模型可以更好地研究不同经济部门间应对气候变化时所表现的气候支出、碳排放路径等差异。其次，该书在综合评估模型中引入了基于适应行为投资和适应能力建设投资的适应气候变化投资模块。同时，在综合评估模型中刻画两类气候损失评估模式，并分析其对我国最优减缓和适应气候策略的影响。最后，该书将全球多区域综合模型框架拓展到中国多区域层面，将我国进一步分为西部、中部和东部地区，并构建全球-中国多区域综合评估模型，研究我国和世界其他地区的宏观经济水平和能源消费受到气候变化影响的差异性，以及我国东部地区、中部地区和西部地区的能源技术演化和碳排放路径的变化规律。该书对于中国应对气候变化行动的政策背景梳理、理论模型构建、实证案例分析等方面都有重要而丰富的贡献。

在实证层面，该书建立的模型有效地刻画和连接了以气候减缓行为和适应行为为主的气候政策接口，从约束目标制定、气候政策实施、相关数据导入、实证定量分析等视角进行了全面深入的分析探索。在全球温控约束目标约束下，该书从成本-效益分析（cost-benefit analysis，CBA）和成本-效果分析（cost-effectiveness analysis，CEA）视角，对不同气候政策的减排表现进行指标体系的建立和综合评价，并对中国不同经济部门和地区间的气候措施和能源产业技术演变规律进行量化分析。在中国全面推进高质量发展的现代化进程和积极稳妥推进碳达峰碳中和战略的背景下，该书对于中国应对气候变化行动的综合建模和科学评估具有十分重要的实践价值和政策参考作用。

彭盼博士一直致力于综合评估模型的理论研究和政策分析工作，在博士阶段已经取得了重要的研究进展，博士毕业之后进入生态文明建设领域的中央企业从事市场开发、科技创新、战略规划、企业管理等相关工作，在理论联系实际方面开展了大量的有价值的工作。该书就是在充分结合了作者在气候经济学系统建模的理论研究和生态文明建设领域的实践工作经历的基础上，融合近年来彭盼博士与魏云捷博士合作完成的一些新的研究成果完成的，对于中国应对气候变化行动的系统模拟、量化分析和综合评估具有重要的理论创新性和现实操作性。相信该书的出版，对致力于气候经济学综合评估模型理论与方法研究工作的同行学者，以及中国生态文明建设和应对气候变化领域的实际工作而言，将具有重要的参考和借鉴意义！

范　英

北京航空航天大学经济管理学院院长

北京航空航天大学低碳治理与政策智能实验室主任

国家自然科学基金创新研究群体学术带头人

2024 年夏

前　　言

愈演愈烈的全球气候变化问题已经开始威胁到全人类的生存环境,由人类活动所导致的温室气体排放也已被大多数学者认为是温室效应形成的最主要原因。我国作为全球碳排放量较大的国家,同时也是最大的发展中国家,其应对气候变化策略的制定和实施对于本国乃至全球应对气候变化的效果均具有较大的影响。因此,本书基于 DEMETER 和 WITCH 模型建立中国多部门和全球-中国多区域两套综合评估模型体系,重点考察了气候减排背景下我国应对气候变化政策的减排表现。此外,除了减缓温室气体排放之外,应对气候变化还有另外一条路径,即采取适应措施以适应当前和未来的潜在气候损失。合理投资并实施一定程度的适应措施对于我国应对气候变化具有非常重要的意义。同时,不同经济部门遭受的气候损失水平具有一定的差异性。因此,本书应用研究的重点也放在从部门细分的角度来考察在全球温控目标和我国自主减排贡献目标下,不同部门应对气候变化行为和碳排放路径的差异性。当然,全球气候变化问题所导致的气候损失存在较大的不确定性,评估气候损失方式的差异性对优化应对气候问题的行为具有较大的影响,依托建立的中国综合评估模型考察并探索不同气候损失评估方式对我国减缓和适应措施的优化选择的影响是本书的另一个研究重点。

除此之外,从全球和我国多区域细分层面探究应对气候变化背景下不同地区的经济发展、能源消耗以及低碳能源技术发展的演变轨迹也是本书的一个研究重点。我国层面的气候政策评价研究主要关注的是不同评价体系下我国气候政策的减排表现评价,以及经济部门间气候措施应对效果的差异性等问题,而对全球及我国不同地区的低碳能源技术演变规律关注不够。而这些工作的开展有助于学者和政策制定者更深入了解全球温控目标下我国各地区未来低碳能源技术演变规律的差异性,以制定更为合理的区域低碳能源技术发展规划。通过对这些研究重点进行综合评估建模研究,本书进一步总结了气候变化领域综合评估模型的应用边界,并以此从理论建模、应用研究和政策设计三个方面对综合评估建模应用作进一步探讨。总结起来,全书的结论主要有以下几点。

(1)碳税和可再生能源补贴组合政策可以有效控制减排成本,但考虑其进行成本-效益分析时,单一碳税政策可能具有更好的减排表现。此外,这些气候措施的减排成本会随着本国相对全球其他地区的减排压力上升而上升,然而如果考虑气候措施的成本-效益分析时，这些措施的成本收益比（cost benefit ratio，CBR）就会下降。

（2）我国固定碳税、动态碳税和碳税-可再生能源补贴组合政策在减排初期均依靠大幅度降低能源消费来达到减排目的，随着非化石能源技术竞争力的提升，减排中后期则主要依靠无碳能源替代进行减排，相比于碳税政策，组合政策对于消费下降这一减排选项的依赖程度最小。

（3）为了达成全球 450 ppmv（parts per million by volume，体积百万分比）浓度目标和 CO_2 排放达峰目标，我国需要持续在减缓类气候投入方面做出努力。此外，在考虑气候损失反馈的社会福利最大化目标条件下，我国需要于 2040 年左右投入一定规模的适应类气候支出，以更好地应对气候变化所带来的经济损失。从长期的角度来看，在我国包含减缓和适应措施的投资组合能够应对与避免更多的气候损失。

（4）从我国不同经济部门的碳排放达峰路径来看，我国第三产业部门的 CO_2 排放于 2025 年左右达峰，而我国第二产业部门 CO_2 排放达峰时间将是 2035 年左右，但是第二产业部门在 2035 年以前 CO_2 排放将保持非常缓慢的上升趋势。

（5）由于气候损失评估的巨大不确定性，我国不仅需要重视减缓类应对气候变化措施，同样需要重视适应类措施应对气候变化的效果，尤其是在 21 世纪中后期，需要依靠更多的适应类措施才能更好地应对可能出现的巨大气候损失。通过 Burke 等（2015）提出的气候损失评估方程评估我国气候损失水平得出的结果相比于通过 Manne 等（1995）提出的气候损失评估方程得出的结果要高，二者估值占 GDP 比例在 2100 年的差距达 2.15 个百分点。

（6）我国在制定气候政策时不仅需要考虑何时投入，而且需要根据未来可能出现的不确定性考虑合理调整气候支出的投入规模。我国最优的减缓和适应气候变化支出路径及应对效果对于气候损失评估方程中参数的不确定性表现较为稳健，且对 Burke 等（2015）提出的气候损失评估方程的参数 β 敏感性更强。

（7）我国和全球其他地区为达成 2℃温控目标，需要付出较大的经济成本，且 GDP 的下降幅度会逐渐增大，不同于其他地区，我国中部地区生产总值的下降幅度在 2070 年以后会逐渐减缓。除了需要付出较大的经济成本，为应对全球气候变化问题，我国和全球其他地区均需要通过控制化石能源消费以减缓温室气体的排放。

（8）我国低碳能源技术的消费量在未来将占全球相应低碳能源技术总消费量较高的比例，我国各地区间的低碳能源技术发展路径存在较大的差异，风电在我国乃至各地区低碳能源技术发展中将起到关键的作用。

在本书的研究和写作中，我们得到了许多同行与朋友的鼓励、支持与帮助，他们包括中国科学院数学与系统科学研究院的汪寿阳研究员、洪永淼研究员、杨翠红研究员和杨晓光研究员，北京航空航天大学经济管理学院的范英教授和朱磊教授，中国科学院科技战略咨询研究院的姬强研究员，中国科学院大学经济与管理学院的段宏波教授，欧洲-地中海气候变化中心（Euro-Mediterranean Center on Climate Change，CMCC）的 Massimo Tavoni（马西莫·塔沃尼）教授和 Johannes Emmerling（约翰尼斯·埃默林）教授，海峡大学（Boğaziçi University）的 Gürkan Kumbaroğlu（古尔坎·库姆巴罗格鲁）教授等。本书的研究得到了国家自然科学基金项目（72171223、71988101 和 71801213）、中国科学院青年创新促进会、国家高层次人才特殊支持计划青年拔尖人才项目和中国科学院学部经济分析与预测科学研究支撑任务的资助。

　　书中难免存在着不足之处，恳请专家和广大读者批评指正。

彭　盼　魏云捷

2024 年夏于北京

目　　录

第1章 引　言

1.1　研　究　背　景

1.1.1　全球协同应对严峻的气候变化挑战

由于影响的广泛性、成因的复杂性、可能损失的长效性和严重性以及碳排放管理的合作性等特点，气候变化对海平面上升、生物多样性、地区生态系统乃至全球经济体系具有十分显著的影响。因此，全球气候变化问题已经成为目前国际政治、经济、法律、外交和环境领域的一个热点和焦点。1990 年、1995 年、2001年、2007 年、2014 年和 2023 年，政府间气候变化专门委员会（Intergovernmental Panel on Climate Change，IPCC）分别出版了六次全球气候变化评估报告，集中整理并总结了大量有关气候变化问题存在、成因和潜在影响的资料。基于直接测量和卫星及其他平台的遥感手段，人类对于全球气候系统的观测越来越全面。器测时代对全球尺度温度和其他变量的观测始于 19 世纪中叶，1950 年以来的观测更为全面和丰富。古气候重建可使一些记录延伸到几百年乃至几百万年前（Pachauri et al.，2014）。以上信息提供了有关大气、海洋、冰冻圈和地表的变率和长期变化的综合视角。气候系统的变暖是毋庸置疑的。自 20 世纪 50 年代以来，观测到的许多变化在几十年乃至上千年时间里都是前所未有的。例如，大气和海洋已变暖，积雪和冰量已减少，海平面已上升，温室气体浓度已增加。

2014~2023 年，全球温室气体排放量持续增加，十年的排放量平均值处于人类历史的最高水平，但平均增速相较于上一个十年（2004~2013 年）已有所放缓。从历史累积排放量来看，1850~2023 年人类活动累积排放 CO_2 中的一半多（57%）是 1990 年前排放的。受新冠疫情影响，2020 年全球 CO_2 排放量比 2019 年降低了 5.8%。2014~2023 年，全球能源强度（单位 GDP 的能耗）每年大约下降 2%，碳强度（单位能耗的碳排放）每年大约下降 0.3%。模型模拟结果显示，以大于 67% 的概率实现 2℃ 的温控目标，2020~2050 年的碳强度需要每年下降 3.5%；而以大于 50% 的概率实现 1.5℃ 的温控目标（没有或是有限"过冲"，"过冲"此处意指短期内超过 1.5℃，并在 2100 年前通过大量碳移除回落到 1.5℃以内），碳强度需要每年下降 7.7%。对比数据可以发现，当前全球温室气体排放的减排力度远远达不到要求，已严重偏离 1.5℃的温控目标。全球地表温度监测资料显示，2011~2020年全球地表平均温度相比 1850~1900 年升高了 1.09℃（Calvin et al.，2023；Pachauri et al.，2014），其中陆地表层和海洋表层的温度升幅分别达 1.59℃和 0.88℃。在有足够完整的资料以计算区域趋势的最长时期内（1901~2023 年），全球几乎所有地区都经历了地表变暖。温度升高的直接后果就是极地冰雪消融加速并最终引起海平面上升，1901~2018 年全球海平面上升 0.20 m。20 世纪初以来，全球平均海平面上升速率不断加快，全球海平面平均上升速率在 1901~1971 年的平均值达到 1.3 mm/a，1971~2006 年为 1.9 mm/a，2006~2018 年为 3.7 mm/a。监测资料还显示，在 1971~2009 年，全世界冰川的冰量损失平均速率（不包括冰盖外围的冰川）大概为每年 226 Gt，在 1993~2009 年大概为每年 275 Gt。19 世纪中叶以来的海平面上升速率比过去两千年的平均速率高。此外，IPCC 第五次评估报告还提供了自约 1950 年以来极端天气和气候事件的观测数据，在全球尺度上冷昼和冷夜的天数已减少，而暖昼和暖夜的天数已增加（Pachauri et al.，2014）。

全球气候变化问题无论在其影响范围还是其解决途径上都具有全球性。首先，人为的温室气体排放是引起气候变化最可能的原因，其来源具有全球性。各个地区的温室气体排放最终均将汇入大气空间，不同来源的排放存量进而导致大气中温室气体浓度上升，继而演变并形成影响地球生态环境的温室效应。其次，部分较为严重的气候灾难一旦发生，其对生态环境的影响将具有全球性。最后，气候变化还极可能对农业造成消极影响，包括对饮水、粮食等类赖以生存的物质基础的影响。而此类影响都具有显著的外部性，一旦这些灾难发生，世界各地区将无一能幸免。

此外，全球气候变化问题对国际关系产生了重要的影响。随着全球气候变化对人类社会与自然界的影响日益加剧，国际社会已开始致力于应对这一问题的广泛合作，围绕这一问题各国都在积极地制定新的对外政策，全球气候变化问题已成为各国外交政策中重要的一部分，成为影响国际关系的一个重要因素。由此，这些特点决定了解决气候问题需要全球各地区的合作和共同努力。世界气象组织（World Meteorological Organization，WMO）于 2012 年发布的《WMO 2011 年全球气候状况声明》表明，1990~2009 年人为温室气体排放量增长了 27.5%。该监测结果也进一步证实了 IPCC 评估报告的预测。2018 年《全球升温 1.5℃特别报告》的评估结果显示，人类活动排放的温室气体已显著加剧全球气候变暖趋势。全球平均地表温度较工业化前水平已升高约 1.0℃（估计区间为 0.8℃至 1.2℃）。若当前的排放和升温趋势未能得到有效遏制，预计全球平均温度将在 2030 年至 2052年间达到比工业化前水平高出 1.5℃的临界点。不难发现，如果人类仍然不开展切实有效的应对气候变化行动，赖以生存的地球恐将面对潜在的气候灾难。

全球气候变化对人类社会和自然界产生了很大的影响，而且这种影响是多层次、全方位的，具有不可逆性和全球性。为进一步减缓温室气体排放和适应气候损失对生态环境的潜在影响，人类从意识到全球变暖问题开始便展开了许多的积极努力。IPCC 于 1988 年成立，并正式宣告人类开始进行应对气候问题的行动。随后，IPCC 于 1990 年发布了第一份气候变化评估报告，该报告对当前面临的潜在气候问题进行了系统的、科学的总结，旨在提升各地区对全球变暖严重程度的认识。UNFCCC（The United Nations Framework Convention on Climate Change，《联合国气候变化框架公约》）的成功制定，为应对减缓 CO_2 排放和应对气候问题提供了相对统一的谈判平台。基于该平台，不仅制定了"共同但有区别的责任"等五个基本原则，同时还给出了三类合作减缓机制，即排放贸易（emission trading，ET）机制、清洁发展机制（clean development mechanism，CDM）和联合履约（joint implementation，JI）机制。由此，UNFCCC 的成功制定为全球各国未来更大程度的合作减排以及之后《京都议定书》的签订奠定了坚实的基础。1997 年，《京都议定书》的成功签订被各界广泛认为是人类历史应对全球气候问题的里程碑。根据各发达国家历史累积的温室气体排放较高的现状，《京都议定书》制定了这些发达国家减排的相应长期目标，即要求这些国家于 2011 年的温室气体排放量相比 1990 年降低 5.2%，并且给各发达国家设定了相应具体的排放控制目标。该议定书于 2005 年正式生效。21 世纪以来，各国逐渐加快了合作应对气候问题的步伐，从 2007 年"巴厘路线图"的成功通过到 2012 年的多哈气候谈判，再到 2016 年的《巴黎协定》的顺利签署，以及 2021 年就《巴黎协定》实施细则达成共识，再到 2023 年《巴黎协定》首次全球盘点，都展示了人类应对全球气候变化的决心（图 1.1）。

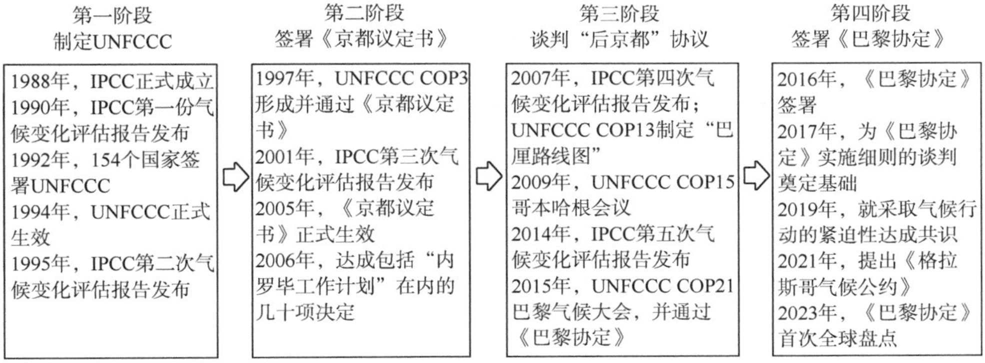

第一阶段 制定UNFCCC	第二阶段 签署《京都议定书》	第三阶段 谈判"后京都"协议	第四阶段 签署《巴黎协定》
1988年，IPCC正式成立 1990年，IPCC第一份气候变化评估报告发布 1992年，154个国家签署UNFCCC 1994年，UNFCCC正式生效 1995年，IPCC第二次气候变化评估报告发布	1997年，UNFCCC COP3形成并通过《京都议定书》 2001年，IPCC第三次气候变化评估报告发布 2005年，《京都议定书》正式生效 2006年，达成包括"内罗毕工作计划"在内的几十项决定	2007年，IPCC第四次气候变化评估报告发布；UNFCCC COP13制定"巴厘路线图" 2009年，UNFCCC COP15哥本哈根会议 2014年，IPCC第五次气候变化评估报告发布 2015年，UNFCCC COP21巴黎气候大会，并通过《巴黎协定》	2016年，《巴黎协定》签署 2017年，为《巴黎协定》实施细则的谈判奠定基础 2019年，就采取气候行动的紧迫性达成共识 2021年，提出《格拉斯哥气候公约》 2023年，《巴黎协定》首次全球盘点

图 1.1　全球应对气候挑战的行动路线图

COP 英文全称为 Conference of the Parties，译为缔约方会议

　　全球气候变化问题已经超越了一般环境问题的范畴，成为国际政治、经济、外交关系的重要因素。除了参与全球气候变化国际谈判之外，各国政府还根据本国经济发展水平设定了相应具体的温室气体控排目标。UNFCCC COP15 于 2009年 12 月在丹麦首都哥本哈根召开，通过谈判最终达成了《哥本哈根协议》，协议要求各缔约方于 2010 年 1 月 31 日前分别向 UNFCCC 秘书处提交其 2020 年强制性减排约束和自主减排计划。虽然这些减排约束并没有最终形成法律约束力，但却充分体现了各国参与合作减排的积极态度和决心。

　　根据 UNFCCC 秘书处统计，共有 20 个发展中国家和 35 个工业化国家提交了减缓本国温室气体排放的具体目标。例如，挪威政府承诺于 2020 年，本国温室气体排放量在 1990 年的基础上下降 30%~40%，该承诺减排幅度位居各国之首；俄罗斯承诺于 2020 年前，全国温室气体排放量将在 1990 年的基础上下降 25%；而美国也承诺其 2020 年温室气体减排目标，即在 2005 年的基础上下降 17%。此外，中国、印度尼西亚、南非、印度和巴西等发展中国家也提出了相应的减排计划，即中国承诺于 2020 年本国单位 GDP CO_2 排放量相比于 2005 年将下降 40%~45%，巴西则承诺到 2020 年其温室气体排放量将在预期基础上下降 36.1%~38.9%。党的十八大以来，以习近平同志为核心的党中央围绕应对气候变化提出了一系列的新理念、新思想、新战略，开展了一系列根本性、开创性、长远性工作。习近平总书记指出，"实现碳达峰碳中和是一场广泛而深刻的经济社会系统性变革"[①]。党的二十届三中全会通过的《中共中央关于进一步全面深化改革　推进中国式现代化的决定》强调，"构建碳排放统计核算体系、产品碳标识认证制度、产品碳足迹管理体系，健全碳市场交易制度、温室气体自愿减排交易制度，积极稳妥推进碳达峰碳中和"。为应对全球气候挑战，以及顺利完成本国减排目标，各国纷纷采取相应减排政策来控制国内的温室气体排放。截至 2021 年底，全球已有 136 个国家提出了碳中和承诺，覆盖了全球 88% 的 CO_2 排放、90% 的 GDP 和 85% 的人口。然而，减排政策的实施会通过赋予价格的方式，如征收碳税、化石能源消费税等，将排放和化石能源消费的外部性影响内部化，短期内会导致能源部门供能成本提高，抑制能源投入的供给量，提高经济部门生产成本并降低产出，增加本国经济发展的负担。同时为实现能源供给的低碳化，非化石能源部门需要大量的投资以促进其技术进步，一定程度上会抑制居民消费。因此，应对全球气候变化挑战，不仅需要各国政府的态度和决心，而且需要地区间合理的政策制定和实施，以降低减缓温室气体排放带来的宏观经济成本，在治理好人类赖以生存的生态环境的同时，也能进一步改善人类生活水平和质量。

---

　　① 《习近平：高举中国特色社会主义伟大旗帜　为全面建设社会主义现代化国家而团结奋斗——在中国共产党第二十次全国代表大会上的报告》，https://www.gov.cn/xinwen/2022-10/25/content_5721685.htm[2024-12-25]。

1.1.2　全球减缓和适应气候变化的发展进程

随着全球气候变化的愈演愈烈，人类如何应对气候变化所产生的损失将面临巨大的挑战。气候变化科学研究在观测气候变化的迹象、探究气候变化的成因和驱动机制、评估气候变化的经济影响、模拟未来多种气候变化情景等一系列阶段，逐渐使得人类在科学研究和认知程度上取得更深层次的共识。虽然在应对气候挑战的具体措施和态度上各国政府仍然存在一些不同的观点，但越来越多的力量和努力正在逐渐集中到以减缓和适应气候损失为核心的气候变化应对行动上来。当前，应对全球气候变化问题的措施主要分为两类（Watson et al.，1996）：以温室气体减排为核心的气候变化减缓行动与以提高人类社会适应和恢复能力为核心的气候变化适应行动。

减缓措施是"主动出击"应对气候变化的策略，主要是指人类通过减少人为温室气体排放或增加对温室气体的吸收，以稳定大气中的温室气体浓度，进而降低气候变暖的幅度。减缓气候变化须通过国家和部门的政策与机制，使能源生产和使用、交通运输、建筑、工业、土地利用和人类居住等部门或行业减少人为温室气体排放（Pachauri et al.，2014）。当前，国际上已经建立了以《巴黎协定》为主体，以区域和国家减缓行动为支撑的国际气候变化减缓行动框架。其中，以降低大气层温室气体浓度为目标的减排行动[包括碳捕获与封存（carbon capture and storage，CCS）等]是当前气候行动的核心之一。由于气候变化具有较大的潜在风险，因此越早实施减缓气候变化的相关行动，则能更好地将气候变化的潜在风险控制在较低的水平。英国尼古拉斯·斯特恩在《斯特恩报告》中指出（Stern，2007），如果在 2050 年左右，要将温室气体浓度控制在 450~550 ppmv 水平，需要立即开展相应的温室气体控排计划。根据该报告的评估结果，这种模拟情景的减排成本为 GDP 的 1%左右。当然，这是一个易于管理的减排成本水平，并且对于合理规划和分配减缓措施的支出水平具有非常重要的意义。但是，一旦减排工作拖延下来，那么减排成本将会更高。并且，未来低碳技术的进步和发展趋势存在很大的不确定性，不同研究关于减缓措施实施的成本评估也各不相同（Nordhaus，1993；Robinson，1993a；Maddison，1995；Wigley et al.，1996；Nordhaus and Yang，1996；Nordhaus and Boyer，2000；van der Zwaan et al.，2002；Gerlagh et al.，2004；Gerlagh and van der Zwaan，2006；Klein，2015）。目前，全球减缓气候变化的措施主要包括五类：①提高能源效率及管理，如提升燃料的使用效率，减少车辆的使用，建造高能效水平的建筑物，提高发电厂的能效等；②大力发展低碳或无碳能源技术，如风力发电、太阳能发电、生物质能、潮汐能、核能等；③CO_2 的捕获与封存，如 CCS 技术，碳捕获、利用与封存（carbon capture，utilization and storage，CCUS）技术的使用等；④加强森林和耕地的管理，以增强森林和耕地对 CO_2 的吸收作用；⑤地球工程，如太阳辐射管理（solar radiation management，SRM）等。同时，减缓气候变化需要政府、社会和个人的积极参与和行动。

世界各国也积极制定本国的减排目标，并实施减缓气候变化措施，以应对全球气候挑战。英国吸取工业革命导致环境污染的历史教训，在进入 21 世纪后，成为全球应对气候挑战的积极倡导者和实践者。首先，美国作为世界上 CO_2 排放最大的国家之一，也制定和实施了相应的一系列法案，包括《清洁空气法》《低碳经济法案》《美国复苏与再投资法案》《美国清洁能源与安全法案》，用于减缓气候变化的速率。同时，美国大力发展和推广清洁煤技术和可再生能源技术，对于减缓温室气体排放起到了至关重要的作用。此外，在排污权交易制度的基础上，美国建立了泡泡政策、补偿政策、储蓄政策和容量节余政策四项碳排放权交易政策，为之后成功开展"酸雨计划"奠定了基础（表 1.1）。

表 1.1　部分国家应对气候变化挑战的减缓措施

主要国家	减缓措施	相关法案或战略计划
美国	建立排污权交易制度 实施"煤研究计划"，进行清洁煤技术研发 投资新能源技术和能源效率技术 开发碳捕捉与碳封存技术 发展电动汽车和其他先进的机动车项目 启动美国区域温室气体减排行动	1990 年，《清洁空气法》 2005 年，《能源政策法》 2007 年，《低碳经济法案》 2009 年，《美国复苏与再投资法案》《美国清洁能源与安全法案》
英国	实施气候变化税 强化节能投资补贴项目 建立碳信托基金 建立碳排放交易机制	2008 年，《气候变化法案》 2009 年，《英国可再生能源战略》《英国低碳转型计划》《英国低碳工业战略》《低碳交通计划》 2012 年，《能源法案》
日本	提出"福田蓝图" 成立低碳研究推进中心，开展低碳方面的技术示范和实践研究 大力开发超燃烧系统技术、信息生活空间创新技术、半导体元器件技术、超时空能源利用技术、交通技术 实施高排放技术限制措施和低碳技术资金补助措施 致力于太阳能发电的技术创新，制定风电计划，加大对清洁能源的投资力度	1979 年，《节约能源法》 2006 年，《国家能源新战略》 2007 年，《21 世纪环境立国战略》 2008 年，《低碳社会行动计划》 2009 年，《绿色经济与社会变革》 2012 年，《可再生能源法案》
俄罗斯	构建节能型经济发展模式 对高耗能、高污染、高排放企业技术设备进行升级换代 利用自己的碳市场配额吸引国际游资基金投入专项生态项目 对煤炭、石油等传统能源产业升级改造 发展清洁能源和环保技术	2003 年，《2020 年前俄罗斯能源战略》 2009 年，《2030 年前俄罗斯能源战略》

续表

主要国家	减缓措施	相关法案或战略计划
俄罗斯	与欧洲复兴开发银行（European Bank for Reconstruction and Development，EBRD）开展合作，为俄罗斯节能项目投资 10.9 亿美元 正式加入经济合作与发展组织核能署（Nuclear Energy Agency，NEA）	2003 年，《2020 年前俄罗斯能源战略》 2009 年，《2030 年前俄罗斯能源战略》
中国	修订节能法律，强调能源效率和节能技术 鼓励发展可再生能源，明确政府与企业责任，推动经济结构转型，发展资源节约型经济，推动能源结构调整，降低 GDP 能耗 制定气候变化适应战略，强化预警系统和信息共享，设定气候变化防治目标，推动公众意识和科学研究 签署《巴黎协定》，积极参与全球气候治理，承诺实现国际减排目标 修订大气污染防治法律，强化空气质量改善 建立全国碳排放权交易体系 加快建设可再生能源重大项目，推动能源绿色转型	2007 年，《中华人民共和国节约能源法》修订 2009 年，《中华人民共和国可再生能源法》 2013 年，《国家适应气候变化战略》 2014 年，《国家应对气候变化规划（2014—2020 年）》 2014 年，《能源发展战略行动计划（2014—2020 年）》 2015 年，《中华人民共和国大气污染防治法》修订 2016 年，《巴黎协定》签署 2020 年，《碳排放权交易管理办法（试行）》

资料来源：贾林娟（2014）

注：研发的英文全称为 research and development，简称 R&D

　　此外，日本通过《节约能源法》《国家能源新战略》《21 世纪环境立国战略》《低碳社会行动计划》《绿色经济与社会变革》《可再生能源法案》的出台，逐渐开始实施减缓气候变化的措施。英国制定了一系列应对气候变化、减缓气候变暖的配套文件，如《英国低碳转型计划》《英国可再生能源战略》《英国低碳工业战略》《低碳交通计划》等，均是成功制定和实施减缓措施的重要保障。英国还建立了包括碳税、碳排放交易机制、碳信托基金等相互联系、较为全面的低碳体系。基于该体系的建立，英国大约可以每年征收气候变化税 11 亿英镑。其中，8.76 亿英镑以减免国民保险金的方式返还给企业。2004~2013 年，英国实现了两百年来最长的经济增长期，全国经济增长了 28%，而温室气体排放下降了 8%（贾林娟，2014）。日本政府制定了两个具体措施：限制措施和提供资金补助，用以进一步推动低碳技术发展。在福岛核泄漏事件过后，为了减少对核能的依赖，日本国内掀起了一场发展清洁能源的热潮，主要致力于太阳能发电、风力发电、地热发电等可再生能源发电。最后，俄罗斯作为能源资源储量较大的国家，也基于本国《2030 年前俄罗斯能源战略》的出台，大力发展新能源技术，用以保障能源需求，达到节能减排的目的（表 1.1）。

　　然而，气候变化问题的进一步加剧，对于未来生态、气候、社会等的影响存在较大的不确定性。不难推测，即使在未来十几年内，世界各国开展了很多的减缓措施和努力，也无法完全避免气候变化的影响，这也要求世界各国同时需要将适应气候变化的措施纳入应对气候挑战的战略计划当中，特别是在应对当前的气候损失时，更需要立即开展相应的适应投资和措施。目前，气候变化已经对全球粮食产量产生了一定的不利影响，即小麦和玉米的产量每 10 年分别减产 1.9%和1.2%。如果没有此类适应措施，当 21 世纪末温度继续升高 2℃或者更高，热带和温带地区将受到气候变化的影响，主要作物（小麦、水稻和玉米）的产量每 10 年减少 0~2%。根据 IPCC 的评估（Pachauri et al.，2014），预估的粮食需求将在2050 年之后每 10 年增加 14%。由此可以看出，实施合理的粮食或农作物类的适应措施，可以有效降低气候变化对粮食产量的不利影响。此外，许多区域的冰川会由于气候变化的影响而持续退缩，进而导致全世界将近三分之一的河流径流量降低。而高海拔山区和高纬度地区的冻土层也受到气候变化的影响而日益变暖和融化。21 世纪以来，部门间的水资源的竞争将进一步恶化，气候变化所导致的全球变暖会进一步导致许多亚热带干旱地区的地表水和地下水资源显著减少。同时，气候变化影响的海水温度升高和海平面上升，将会导致海洋酸化，影响海洋生态和生物多样性，如海洋生物发生转移、珊瑚白化等，并且，海岸系统、低洼地区会面临被淹没、遭受海岸侵蚀和海岸带洪水的风险。面对海平面上升和海水升温的变化，相关预警系统和海墙等的适应措施需要及时投入使用，以此适应这类变化的影响。此外，人类已经存在的健康问题会由于气候变化的作用进一步加剧，因此，在面临气候变化问题时，需要对相关疾病和病媒的传播、治疗和预防进行相关研发。在气候变化背景下，极端气候灾害频发。全球气候灾害事件发生频次自 1960 年之后上升了 4 倍，由此引起的经济损失上升了 7 倍。目前，许多国家已经计划并开展一系列的适应措施以应对当前及未来气候变化所带来的潜在风险（表 1.2）。

表 1.2　各地区适应气候变化的策略

地区	相应的适应措施
非洲	大多数国家政府着手建立政府适应气候变化体系。调整和改善灾害风险管理、相关技术和基础设施，生态系统、公共健康、生物多样性等方面的适应措施被用于降低本地区的气候易损性
欧洲	各级政府开始计划和开展适应政策，主要包括海岸线和水资源管理，以及生态防护、土地利用和灾害风险管理等方面的适应措施
亚洲	通过各国政府的适应气候变化影响措施的颁布，适应措施已经在亚洲范围内有序地实施，主要包括预警系统的建立、水资源系统管理和沿海再造林等
大洋洲	应对海平面上升、降低澳大利亚南部水资源易损性方面的适应措施被作为主要应对方式

续表

地区	相应的适应措施
北美洲	各级政府，尤其是市级政府积极进行适应评估和规划策略，并且对未来能源和公共设施方面提升进行预期性的适应投资
中美洲和南美洲	生态系统方面的适应措施，如自然区域的防护行动，保护协议以及管理条例的实施；一些地区的农业部门要求种植对气候变化具有高适应性的农作物，以及建立气候预警系统和水资源管理体系
北极圈	开展地区适应气候变化协同管理策略，通信基础设施建设等
小岛屿地区	采用与其他发展策略相协同的适应气候变化策略
海洋	开展国际合作和海洋空间规划等适应策略

资料来源： Pachauri 等（2014）

由此可见，适应气候变化是积极防御的应对战略，主要指增强人工生态系统和人类社会抵御气候变化冲击的适应和恢复能力。适应措施主要需要集中在粮食和农作物产量、区域水资源、海平面上升和水温上升、人类健康，以及应对极端事件等方面。长期来看，人类系统和自然管理的适应能力随着气候变化的加剧需要进一步提升和改善，如果不采取相应的适应措施，人类抵御气候变化的能力会严重不足。为避免与可持续发展的其他方面发生冲突，并实现协同作用，IPCC 第四次评估报告中指出（Pachauri and Reisinger，2007），可以对不同部门执行差异性的气候适应性策略选择，其中一些具体措施包括以下几点。①建立预警系统，为预期气候损失奠定基础。为避免在出现气候变化影响时，出现较大的损失，应该加强和改善季节性气候预报、粮食保障、保险、救灾应急、淡水供应等工作。②提高水资源系统的气候变化适应能力，如增强雨水收集能力，推进海水淡化，提高水的灌溉和利用效率，提高水储存、再利用能力等。③加强农业生产的适应能力，具体包括：保持水土等土地管理措施、适宜作物的布局优化、种植制度和作物品种的调整等。④增加海岸带防护措施，如保护现有的自然屏障、防波堤和风暴潮防护设施等。⑤开展应对气候变暖的人类健康计划，如改进对气候敏感疾病的监控、高温应急方案、应急医疗服务，改善饮用水卫生状况和供应条件等。⑥提升基础设施的适应能力（如可再生资源技术的研发投入），以降低对传统化石能源的依赖性。⑦通过加固架空电缆和输电设施、地下电缆的使用、交通布局调整等，增强对气候变化影响的移民活动的适应能力。因此，各国亟须提高适应能力，加强灾害风险管理，减少脆弱性和暴露性，提升气候恢复能力。

综上所述，应对气候挑战，世界各国不仅需要从政策、观念、科学上制定相应的减排目标，而且需要积极开展减缓和适应气候变化的措施。对所有国家来说，不论发展中国家和发达国家在某些方面的认识与看法上是否存在差异，在保持本国经济可持续发展的前提下，各国都需要积极参与并制定本国具体应对气候变化的行动。此外，不同国家和地区在气候变化的表现、受气候变化冲击以及应对气候变化的脆弱性方面差别很大，因此为将全球气候变化水平控制在合理范围内，需要继续发展基于公平原则的更为有效的气候变化行动框架，其核心内容包括减缓和适应措施两方面。共同应对气候变化，是全人类共同的责任和义务。除在国家和地区层面开展应对气候变化的行动外，还应加强国际合作。各国在减缓和适应气候变化方面的能力各不相同，公平的协同行动将有助于进一步开展合作和采取行动。

1.1.3　我国面临的气候挑战及响应行动

《气候变化国家评估报告》（2007 年）指出，我国在过去百年间地表年平均气温显著升高，增温幅度达到 0.5℃至 0.8℃，且近 50 年变暖趋势尤为突出。同时，全国年降水量虽无明显长期变化趋势，但存在显著的年代际波动与区域差异，北方水资源短缺加剧，南方洪涝灾害频发。极端气候事件增加，冰川退化、西藏冻土层显著变薄，生态环境退化问题凸显，农业生产稳定性下降。为此，中国明确提出发展低碳经济，推动能源结构优化，推广先进节能和可再生能源技术，建立并逐步完善应对气候变化的政策机制。《第二次气候变化国家评估报告》（2011 年）进一步强调青藏高原冻土退化和西北地区冰川面积缩减带来的水资源压力。极端天气事件频次和强度在区域间差异显著，农业结构调整压力加大，病虫害扩散，沿海海平面加速上升，威胁基础设施安全和生态稳定，对人类健康的影响也日益突出。对此，我国进一步提出加强适应基础设施建设、生态恢复和保护工程，深化产业结构和能源结构优化，推广低碳技术，促进国际合作，实现低碳可持续发展。《第三次气候变化国家评估报告》（2015 年）再次明确了区域升温的加剧和降水区域差异进一步扩大。极端高温事件、洪涝灾害增加，农业生产和粮食安全受到更为明显的威胁，生态系统脆弱性显著提高。该报告提出了更具体的减排目标，重点推进产业能源结构优化、清洁能源技术推广、林业碳汇建设以及碳排放交易市场机制的构建，加强国内与国际气候治理的统筹。《第四次气候变化国家评估报告》（2022 年）指出，近 60 年来我国升温速率持续高于全球平均水平，极端气候事件频发、冰川加速融化、冻土退化显著加剧，海平面上升速度加快，生态环境、生物多样性和人类健康风险进一步加剧。此外，快速的城市化进程加重了局地气候变化的负面效应。为此，中国提出了更具雄心的减排目标与措施，大力推动能源技术创新与应用，深化生态保护与恢复工作，构建并强化碳市场机制。纵观第一次到第四次气候变化国家评估报告，我国对于环境保护的政策措施逐步细化、落实力度不断加强。每次报告中体现的环境保护理念与措施均有显著进步，更加注重顶层设计与技术创新，体现了我国应对全球气候变化紧跟时代潮流、不断提高环境治理水平的决心与行动力。

2012~2022 年我国经济总量快速增长，2012 年，我国国内生产总值为 51.93 万亿元人民币，而 2022 年，这一数值已增至近 120.47 万亿元人民币，累计增长超过 131.99%（国家统计局，2023）。能源作为经济生产中十分重要的生产要素，随着我国经济的快速增长，国内能源消耗也迅速上升，尤其是化石能源的大量消耗。《中国统计年鉴—2023》（国家统计局，2023）显示，我国 2012 年至 2022 年十年间的年均能源消费增长率达到 3.01%，消费总量从 2012 年的 4021.38 亿 tce 增长至 2022 年的 5410.00 亿 tce。作为世界上最大的能源生产和消费国，2022 年我国能源消费量占全球的 27%（林伯强和黄光晓，2014；吴宗鑫和滕飞，2015；Chai et al.，2017；林伯强，2022；BP，2023；范英等，2023）。我国存在较为突出的能源问题，主要表现为能源消费总量大、能源供需结构性矛盾、地区能源供需不平衡、能源开发和利用效率相对较低。资源储量的特征使我国化石能源消费结构以煤炭为主。并且，随着我国城市化和工业化进程的进一步推进，国内天然气和石油的供应缺口越来越大（图 1.2）。

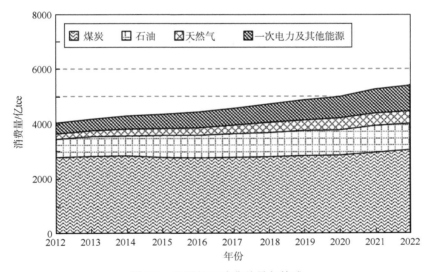

图 1.2　我国能源消费总量与构成

资料来源：《中国统计年鉴—2023》

我国自然禀赋的先天特征决定了经济发展过程中对煤炭、石油、天然气等化石能源的依赖性。2012 年至 2014 年间，我国的煤炭消费量从 2012 年 2754.65 亿 tce 上升至 2014 年 2818.44 亿 tce，上升幅度达 2.32%。随后，国内煤炭消费迎来拐点，2014 年至 2016 年间，我国的煤炭消费量从 2014 年的 2818.44 亿 tce 下降至 2016 年 2746.08 亿 tce，下降幅度达 2.57%。而到 2022 年，国内煤炭消费进一步上升，增幅达 10.71%。2012 年至 2022 年间，我国的石油消费量持续上升，从 2012 年 683.63 亿 tce 上升至 2022 年 968.39 亿 tce，上升幅度达 41.65%。同时，我国的天然气消费量上涨趋势更为显著，从 2012 年 193.03 亿 tce 上升至 2022 年 454.44 亿 tce，上升幅度达 135.42%。我国的可再生能源技术发展起步较晚，发展水平较低。然而，随着气候变化的愈演愈烈和国家对清洁能源重视程度的逐渐增加，以及国家低碳经济发展和能源结构转变战略对可再生能源需求程度的不断加大，近年来，我国非化石能源发展较为迅速，一次电力及其他能源消费量从 2012 年的 390.07 亿 tce 上升至 2022 年的 946.75 亿 tce，年均增速高达 9.27%，在所有能源品种消费中的增速最高。其中，根据英国石油公司（British Petroleum，BP）世界能源统计数据，我国光伏太阳能和风电累计装机容量已分别于 2015 年和 2010 年达到世界第一，且继续保持上升的趋势（Dudley，2016）。截至 2024 年底，全国可再生能源装机达到 18.89 亿 kW，同比增长 25%，约占我国总装机的 56%，其中，水电装机 4.36 亿 kW，风电装机 5.21 亿 kW，太阳能发电装机 8.87 亿 kW，生物质发电装机 0.46 亿 kW。国家发展和改革委员会《国家应对气候变化规划（2014—2020 年）》，明确提出非化石能源占一次能源消费的比重于 2020 年达到 15%左右的目标[①]，标志着我国在推动新能源发展的政策实施道路上迈出了非常重要的一步。然而，以煤炭消费为主的能源消耗结构，必然会导致以 CO_2 为主的温室气体大量排放（图 1.3）。

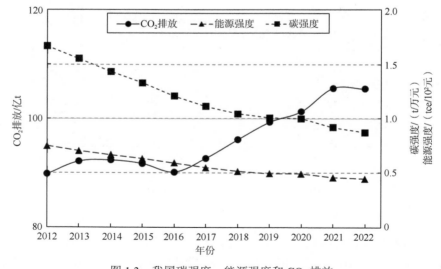

图 1.3　我国碳强度、能源强度和 CO_2 排放

---

① 2020 年我国非化石能源占一次能源消费比重达 15.9%（国家统计局，2023）。

根据英国石油公司世界能源统计数据（BP，2023），在化石能源消耗持续增长的拉动下，我国 CO_2 排放总体处于增长的态势，从 2012 年 89.78 亿 t 上升至 2021 年 105.64 亿 t，增幅达 17.67%。然而，随着国内碳排放目标的设定和减排工作的持续努力，2022 年 CO_2 排放量出现下降趋势，相比于 2021 年下降 0.13%。尽管不同的机构用不同的测算方法所得的具体排放量结果可能存在一定的差异，但是我国已经成为全球碳排放量较大的国家是不争的事实。然而随着能源技术的发展和能效的进一步提升，我国的碳强度和能源强度的下降趋势较为明显（图 1.3）。就碳强度而言，2012 年单位 GDP（单位为万元）的碳排放量为 1.67 t，2022 年这一数值下降至 0.87 t，年均下降速率为 –6.31%。2012 年的能源强度为 0.75 $tce/10^2$ 元，而 2022 年能源强度下降至 0.45 $tce/10^2$ 元，年均下降速率达 4.98%。不难发现，尽管近年来我国碳强度和能源强度呈一定程度的下降趋势，但仍需在新能源技术发展、能效改进和能源结构优化等方面作进一步提升和改善。

作为全球最大的发展中国家，同时也是世界上最大的新兴经济体，我国一直以保障社会福利和提升人民生活水平为宗旨进行经济发展。然而，在经济建设初期，工业成为该时期内我国经济发展的主要组成部分，尤其是将部分重工业的发展放在发展经济的首位。因此，同经济较为发达的国家的工业化进程类似，这种高速发展模式一方面会使本国经济快速发展，另一方面也会消耗大量的化石能源，其产生的污染物会对环境造成较大的影响。面对当前全球气候变化的严峻挑战，我国的经济发展、能源消耗控制和环境保护之间的权衡成为全社会乃至全球最为关心的热点问题。

随着全球应对气候变化共识逐渐达成，我国作为温室气体排放较大的国家，同时也是最大的发展中国家，在应对气候变化、制定降能耗和控排放等目标方面做出了一系列的积极努力（图 1.4）。2006 年，我国政府就在《中华人民共和国国民经济和社会发展第十一个五年规划纲要》提出了能耗降低和控制污染物排放总量的约束性目标，即到 2010 年我国单位国内生产总值能耗相比 2005 年下降 20% 左右，并控制主要污染物排放总量减少 10%。随后，《中国应对气候变化国家方案》于 2007 年 6 月发布，全面阐述了我国在 2010 年前应对气候变化的对策。这不仅是我国第一部应对气候变化的政策性文件，也是发展中国家在该领域的第一部国家方案。这也标志着我国成为全球首个将应对气候挑战问题上升至国家方案层面的发展中国家，也意味着中国应对气候变化问题的国家行动正式展开。2008 年 10 月，我国政府发布《中国应对气候变化的政策与行动》白皮书，全面介绍我国减缓和适应气候变化的政策与行动，成为我国应对气候变化的纲领性文件。2009 年 8 月，全国人大常委会通过了《关于积极应对气候变化的决议》，并于同年 11 月，国务院召开常务会议，提出到 2020 年我国单位国内生产总值 CO_2 排放比 2005

年下降40%~45%的预期目标，并将其作为UNFCCC COP15上我国承诺的自主减排计划提交至UNFCCC秘书处。2011年，国务院还印发了《"十二五"控制温室气体排放工作方案》，并将到2015年全国单位国内生产总值CO_2排放比2010年下降17%的目标作为"十二五"期间的主要减排任务。2013年11月，我国发布第一部专门针对适应气候变化的战略规划《国家适应气候变化战略》。2015年6月，我国向UNFCCC秘书处提交了应对气候变化国家自主贡献文件。这不仅是中国作为UNFCCC缔约方的规定动作，也是为实现UNFCCC目标所能做出的最大努力。世界自然基金会等18个非政府组织发布的报告指出，中国的气候变化行动目标已超过其"公平份额"。党的二十届三中全会通过的《中共中央关于进一步全面深化改革　推进中国式现代化的决定》强调，"构建碳排放统计核算体系、产品碳标识认证制度、产品碳足迹管理体系，健全碳市场交易制度、温室气体自愿减排交易制度，积极稳妥推进碳达峰碳中和"。

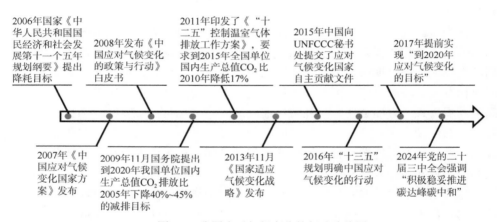

图1.4　我国应对气候变化的行动路线图

1.1.4　我国节能环保支出逐年增加

环境保护类财政支出是应对气候变化的重要手段，也是政府推进减缓和适应措施发展的财力支柱。目前我国已经通过财政支出加强对节能减排和应对气候变化事业的投入。自2000年以来，中央财政共投入超过1800亿元资金，用于支持和发展那些符合国家节能减排政策和产业政策的项目及企业，同时增加对这些项目和企业的投入与补贴力度，财政预算中节能减排专项资金的金额逐年上升（刘晨阳，2010；田华和刘晨阳，2010；盛丽颖，2011）。2007年开始，环境保护支出科目正式被纳入国家财政支出。随着气候变化的影响越来越大，类似应对气候变化的环保支出也呈现快速增长的趋势。我国国家财政环境保护支出从2012年的

0.30 万亿元人民币上升至 2019 年的 0.74 万亿元人民币, 年均增速达 13.77%。受到全球新冠疫情影响, 我国国家财政环境保护支出从 2019 年开始下降, 至 2022 年减少至 0.54 万亿元人民币。同时, 国家财政环境保护支出在国家财政总支出中的占比在 2012 年至 2019 年间由 2.35%总体上升至 3.09%, 并于 2022 年下降至 2.05%（图 1.5）。

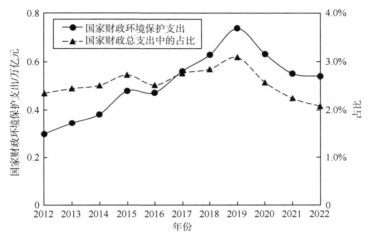

图 1.5　我国国家财政环境保护支出及其在国家财政总支出中的占比

　　然而, 我国正处于快速城镇化和工业化进程中, 面临着发展经济、消除贫困和应对气候变化的双重压力。尽管我国在环境保护方面的财政支出逐年增长, 但面对气候变化的挑战, 仍需在减缓和适应气候变化领域进行更多的积极努力。在减缓气候变化领域, 我国面临着开拓新型发展模式的重大挑战, 需要提高能源转换和利用效率, 转变经济增长模式, 推进国民经济产业结构调整, 降低 GDP 能源强度, 降低碳排放。在适应气候变化领域,《中华人民共和国国民经济和社会发展第十二个五年规划纲要》中明确提出要"加强适应气候变化特别是应对极端气候事件能力建设""制定国家适应气候变化总体战略"。2007 年 6 月, 国务院发布的《中国应对气候变化国家方案》中明确强调了国家层面适应气候变化的重点领域, 主要包括: 农业、森林和其他自然生态系统、水资源与海岸带及沿海地区。2013 年 11 月, 国家发展和改革委员会等九部门印发的《国家适应气候变化战略》扩展适应气候变化的重点领域（国家发展和改革委员会, 2013）, 除了进一步强调上述主要内容外, 还新增基础设施、人体健康以及旅游业和其他产业等目标要求, 2022 年 5 月, 生态环境部等 17 部门联合印发《国家适应气候变化战略 2035》（表 1.3）。

表 1.3　我国适应气候变化策略的重点领域和主要内容

重点领域	主要内容	类别
监测预警和风险管理	完善气候变化观测网络、强化气候变化监测预测预警、加强气候变化影响和风险评估、强化综合防灾减灾	能力建设、应急性、预期性
自然生态系统	提升水资源、陆地生态系统、海洋与海岸带适应气候变化能力	
经济社会系统	强化农业与粮食安全、健康与公共卫生、基础设施与重大工程、城市与人居环境、敏感二三产业等领域的适应气候变化能力	
区域格局	构建适应气候变化的国土空间、强化区域适应气候变化行动、提升重大战略区域适应气候变化能力	

资料来源：国务院（2007）；国家发展和改革委员会（2013）；Agrawala 等（2011）

　　我国应对气候变化挑战仍处于起步阶段，需要大量的资金进一步支持减缓和适应气候变化各个领域的工作。与发达国家相比，我国应对气候变化挑战的私人资本介入较少，投融资渠道较窄。预计到 21 世纪末，我国仍将保持升温趋势，粮食、水资源、生态、能源领域将面临更为严峻的挑战。综上所述，气候变化问题的应对与经济发展、能源消耗和排放控制行动紧密相关，不仅需要在减缓气候变化领域开展相关行动，而且要为适应当前和未来潜在的气候影响提前做准备工作。我国作为全球人口最多的国家，同时也是最大的发展中国家，国内保障民生和经济发展的形势比其他任何国家都严峻，如何在应对气候变化挑战和发展经济两个目标中权衡，并选择较优的可持续发展路径将成为我国必须面对并着力解决的问题。从减缓气候变化措施来看，要实现 IPCC 所提出 2℃的温控目标，需要在 21 世纪末之前将大气中温室气体浓度控制在 450~550 ppmv，甚至要低于 450 ppmv。然而，当前我国存在一系列可选择的减缓类气候措施，如碳税、非化石能源补贴、碳排放权交易机制等，均对控制温室气体排放具有一定程度的作用。但是，实施这些政策必然会产生一定的成本，对经济发展具有一定的抑制作用。

　　此外，在减少温室气体排放的同时，可以降低气候变化所带来的损失，产生一定的潜在收益。那么，在考虑减排成本和收益时，到底该如何选择并实施这些减缓措施呢？应对气候变化问题除了减缓温室气体排放之外，还有另外一条路径，即采取适应气候变化措施以适应当前和未来可能的气候损失。气候变化的影响具有不可逆性，全球很多地区都发生了比以往更多的极端天气，给地区带来了较大的经济影响。因此，合理投资并实施一定程度的适应措施对于应对气候变化具有非常重要的意义。此外，不同经济部门的碳强度和气候易损性存在较大的差距。那么，在全球碳浓度目标和我国未来碳排放控制目标的约束下，最早该什么时候投入适应措施是最优的，如何达到减缓和适应气候变化措施在不同经济部门的投入时间、成本及避免气候损失的效果呢？另外，对地区应对气候变化策略的评估和优化研究不仅要关注减缓和适应措施的投资路径演化等宏观成本方面，还应重视对气候损失的量化评估。目前，全球气候变化问题不仅体现在温度的升高，而且会带来一系列可能的影响，如冰川消融，海平面上升，改变不同地区的降水分布、地质环境和生物多样性，对人类健康造成消极影响，增加极端气候事件出现的频率等。

因此，未来潜在的气候损失存在较大的不确定性，且当前对气候损失的量化评估方法有两类。一是通过评估平均温度上升得到的气候因子，然后通过地区生产总值与气候因子的乘积来度量气候变化带来的市场损失。这种度量气候损失的方法最早是由 Nordhaus（1993）于 1993 年提出来的，并被广泛应用于各类综合模型对气候损失的评估。此外，除了考虑市场损失，Manne 等（1995）还通过估算人类避免气候变化对于生态系统影响的支付意愿（willingness to pay，WTP）来度量其非市场损失。二是 Burke 等（2015）通过估算气候变化与经济生产增速之间的关系，得到了影响 GDP 增速的气候因子，并以此度量气候损失。不难发现，这些对气候损失评估的方法存在较大的差异性，并对未来应对气候变化措施的模拟和优化造成了一定的影响。为此，我们将基于我国减缓和适应投资路径的选择角度，来考察并探索不同气候损失评估方式对我国减缓和适应措施的优化选择的影响。

要解决上述问题，需要我们构建一个包括经济、能源和气候等多模块的综合模型。这一模型应该具有以下三方面的特点。①模型需要能在长时间维度上描述地区人口、经济、能源技术进步和碳排放等动态特征，同时还需建立多角度评价指标，从成本–效果分析和成本–效益分析两方面评估地区气候政策的减排表现。②该模型一方面需要刻画减缓气候模块的政策接口，另一方面也需要包括较为详细的适应类投资组合，能刻画应急性、预期性适应行为投资和适应能力建设投资的动态演变规律，以及探究适应类和减缓类气候支出之间的交互演化。③模型结构中需能刻画多种气候损失评估的方式，以便我们在引入具体的气候控制目标时，更为全面地考察减缓和适应气候变化措施对不同经济部门的气候支出与碳排放结构的影响，并比较减缓和适应措施对应对与避免气候损失的经济效果。完成本书研究的模型工具即是在这样的背景和要求下构建的。

1.2　文献综述

基于以上的背景介绍，本书的研究工作既涉及气候变化背景下中国综合评估模型的构建，同时也包括基于该综合评估模型框架对我国应对气候变化挑战的投资组合选择、碳排放轨迹变化以及气候损失避免等相关的应用。此外，引进适当的技术进步模块以更为详细地描述非化石能源技术演变的一般性规律，同时纳入减缓和适应措施模块以权衡气候投资策略间的优化组合关系，并建立成本–效果分析和成本-效益分析双重评价指标来分析我国气候政策的减排表现也是本书要研究的重要内容。因此，本章将从气候变化领域内的综合评估模型体系入手，对包括自底向上（bottom-up）的工程技术模型、自顶而下（top-down）的宏观经济模型以及混合型的综合评估模型等工作进行简要评述和介绍，以便在针对本书自主构建模型研究相关问题之前对综合评估模型构建的历史背景、理论基础、一般性假设以及优劣势等均有一定的了解，以此更有利于实际建模的延展创新。此外，我们将对与本书应用研究密切相关的问题进行总结，主要包括模型内生技术进步的处理、减缓和适应模块的构建、成本-效果分析原则的考量、成本-效益分析原则的考量、气候损失的评估等。

1.2.1　气候变化综合评估模型

研究气候变化问题需要综合考虑大气环境、海洋环境、陆地环境、人类社会生存环境和人类经济活动组成的复杂系统，因此，作为考虑要素最为全面的综合评估模型，该模型被广泛应用于研究气候变化影响的研究当中。不同于气候系统模型（climate system model，CSM）及影响、适应和脆弱性模型（impact adaptation vulnerability model，IAVM）仅仅关注或侧重气候系统中单个或者部分元素，综合评估模型不仅仅包括描述经济生产、居民消费和技术投资等社会系统模块，而且描述包含碳循环和温室效应过程的气候系统模块，以及气候变化对人类经济生产和生存环境反馈影响的气候损失评估模块。经过 40 多年的发展，综合评估模型在研究不同气候约束情景下的经济增长、能源技术演化、碳排放路径变化以及气候损失评估等方面具有非常广泛的应用实践。基于此，综合评估模型逐渐成为研究气候变化背景下能源-经济-环境系统交互问题的重要建模工具（Dowlatabadi，1995）。关于综合评估模型的研究始于美国经济学家 Nordhaus 于 1994 年构建的 DICE 模型和国际应用系统分析研究所（International Institute for Applied Systems Analysis，IIASA）于 20 世纪 90 年代左右发展的能源供给替代系统及其环境影响模型（model for energy supply system alternative and their general environment impact，MESSAGE）。20 世纪 90 年代左右，许多学者在综合评估模型构建方面继续开展一系列相关研究（Peck and Teisberg，1992；Burniaux et al.，1992；Nordhaus，1993；Hope et al.，1993；Manne and Richels，2004；Stern，2007）。

由于温室效应形成和气候影响的全球性，对于气候变化问题的研究通常会基于全球视角展开。如 DICE 模型、DEMETER、ENTICE（a model for endogenous technological change in the DICE model of global warming，基于 DICE 模型的全球变暖内生技术演变模型）、WIAGEM（world integrated assessment general equilibrium model，全球综合评估一般均衡模型）和 E3METL（energy-economyenvironment model with endogenous technological change by employing logistic curves，能源-经济-环境系统集成评估模型）等（Nordhaus，1993；van der Zwaan et al.，2002；Popp，2004；Kemfert，2005；Duan et al.，2014；Nordhaus，2019；Duan et al.，2021）。此外，为了研究各个国家或区域的能源-经济-环境系统交互关系，许多综合评估模型的构建将全球区域更加细化。Manne 和 Richels（2004）在 Ramsey-Solow（拉姆齐-索洛）模型的框架下发展了全球多区域综合评估模型（model for evaluating regional and global effects of alterations in greenhouse gases，MERGE），将全球划分为中国、美国、东欧、西欧、加拿大-澳大利亚-新西兰、墨西哥-石油输出国组织、印度、日本和世界其他地区等 9 个区域，是较早研究应对气候变化问题的全球多区域综合评估模型。Nordhaus 和 Yang（1996）基于 DICE 模型建立多区域的动态气候经济模型（regional integrated model of climate and the economy，RICE 模型）。其研究结果表明，地区非合作情景下的碳减排量远小于合作情形，但此类情景难以在现实中复制。随后，Hope（2006）基于早期的评估模型——温室效应政策分析（policy analysis for the greenhouse effect，PAGE）模型，拓展开发得到全球 8 区域气候政策分析模型，即 PAGE2002。Bosetti 等（2006）开发的 WITCH 模型将全球分为 12 个区域。该模型不仅刻画了多种能源技术及其技术进步，同时还将博弈思想引入建模中，通过递归求得系统的纳什均衡解，从而对各区域的资本、能源资源进行最优分配（Bosetti et al.，2006）。

　　我国关于综合评估模型的构建和研究源于 1988 年由吉训仁等翻译的《MARKAL 能源供应模型导论与用户指南》与姚愉芳和张奔于 1989 年编写的《MARKAL 能源模型研究与开发》。随后，国务院发展研究中心、中国社会科学院以及清华大学等单位也开始进行综合评估模型建模与应用相关的研究工作（何建坤等，1996；叶勇，1996；郑玉歆和樊明太，1999；翟凡和李善同，1999；张希良，2020；张希良等，2022）。此外，陈文颖等（2004）以及陈文颖和吴宗鑫（2001）也在引入和改进 MARKAL 模型方面做了一定的贡献，并基于该模型的理论框架，研究了我国未来 CO_2 减排行为和非化石能源的发展战略对经济发展的影响。张阿玲等（2002）基于 INET 模型，通过扩展环境模块和经济模块，建立了用于研究我国温室气体减排技术选择及其影响的综合评估模型。随后，高虎等（2004）和陈荣等（2008）分别进一步拓展了 LEAP（long-range energy alternatives planning system，长期能源替代规划系统）和 MESSAGE 在我国温室气体减排行动中的应用。此外，姜克隽等（2008）基于 AIM（Asia-Pacific integrated model，亚太集成模型），构建了中国—全球温室气体排放情景分析模型，以此对我国温室气体排放和未来能源技术演化进行了分析，并估算了我国减排所需的经济成本。段宏波（2013）基于 E3METL 构建中国综合评估模型（Chinese energy-economy-environmental model with endogenous technological change by employing logistic curves，CE3METL），并以此分析和研究不同碳排放约束情景下我国的最优碳税路径演化。CE3METL 是在遵循拉姆齐（Ramsey）法则的基础上，根据新古典经济理论建立的最优增长模型。CE3METL 在结构上包括宏观经济、能源技术和碳排放三个模块，能源部门除了考虑由煤炭、石油和天然气等构成的复合化石（fossil）能源外，还包括核能、生物质能、水电、光伏太阳能、风能、地热能和海洋能等其他七种清洁能源技术。

1.2.2　内生技术变化引入

技术变化和经济增长是未来能源需求、温室气体排放的变化路径的重要决定因素，而未来技术学习是否内生是影响温室气体减排时机的重要影响因素（Wigley et al.，1996；Nakicenovic et al.，1998；Goulder and Schneider，1999；Gillingham et al.，2008；Baker and Shittu，2008）。因此，综合评估模型构建的重要环节之一就是如何较好地刻画技术变化。在早期的综合评估模型研究当中，一般用外生给定生产函数中的全要素生产率（total factor productivity，TFP）的系数来体现技术进步，即假设生产率会随着本部门的自发性能源效率进步（autonomous energy efficiency improvement，AEEI）而提高。也就是说，一般假设 AEEI 包含所有除价格以外的影响因素所带来的能源效率提升。此外，技术进步还可以由经验积累和政策激励所带来的能源成本下降来刻画，但是早期研究并未将其刻画至模型当中（Jorgenson and Wilcoxen，1993；Mckibbin and Wilcoxen，1993；Capros et al.，1997；Alcamo et al.，1998；Böhringer，1998；MacCracken et al.，1999；Pizer，1999）。内生技术变化源于 Wright（1936）的研究，他指出技术的使用行为和生产率会随着企业或者个人对该技术的知识累积而大量增加，并首次将知识累积与飞行器的成本联系起来。随后，Arrow（1962）在其研究中将该现象称为"基于实践的技术学习"（learning-by-doing，LBD）。随着知识或者经验的累积，产品的质量和生产效率会被进一步改善，而生产过程中的人力和物质消耗也会随之减少，进而达到降低生产成本的目的。此外，Romer（1990）指出技术作为一种投入，具有无竞争性和排他性，即价格驱动的竞争性不足以支持产品的发展。

随后，许多研究将 LBD 学习曲线作为内生技术学习的方法引入综合评估模型当中。Messner（1997）首次将内生技术学习引入系统工程模型 MESSAGE 中，并通过累计装机容量刻画能源技术成本的下降，以此刻画学习曲线的影响，即投资成本将随着累计装机容量的增加而下降。该研究结果表明，能源技术的投资会随着内生技术变化而更早地出现，进而更快地发展能源技术，降低能源投资的总成本。在此之后，越来越多的学者对利用 LBD 学习曲线内生技术变化的理论持肯定的态度，并在各自的模型当中进一步开展这一内生模式的研究。van der Zwaan

等（2002）通过累计装机容量刻画知识累积，在学习曲线的影响下，研究内生技术转换机制对最优 CO_2 减排和碳税水平的影响。研究结果表明，内生知识累积促使减排行为提前，且非化石能源技术的发展是 CO_2 减排的重要方法。Kypreos 和 Bahn（2003）基于 MERGE 分析能源系统中内生技术学习的影响。其中，内生能源技术通过单因素学习曲线（one-factor learning curve，OFLC）刻画，知识累积由技术的新增容量激发。Gerlagh 和 van der Zwaan（2003）基于 LBD 进行知识累积的假设，研究不同碳税水平对 CO_2 排放路径的影响。研究结果表明，随着碳税的上升，CO_2 排放水平会下降。Manne 和 Richels（2004）基于 1995 年开发的全球多区域模型 MERGE，研究 LBD 对减排时间和成本的影响，发现 LBD 主要影响减排的成本。

　　然而，影响技术进步和成本下降的因素有很多，LBD 只是其中的一种，研发活动便是另一典型的影响因素。研发投入一直被认为是推动技术变化的重要动力，特别是在累计生产量较小且不足以主导较低成本过程的初期技术发展阶段。随后，越来越多的学者将研发投入所影响技术变化的过程称为"研中学"（learning-by-searching，LBS）。但是不同于内生 LBD 学习过程，基于研发投入的 LBS 学习过程主要是依赖政策的支持。这是因为在新技术发展的初期，由于投资风险的不确定性，小型企业通常不会对此类新技术开展研发投入，而新技术在发展初期更需要政府的政策支持。因此，很多的学者将基于研发投入的 LBS 学习曲线引入综合评估模型，以便研究政策激励下的内生技术进步对能源-经济-环境系统的影响。Nordhaus（2002）基于 RICE 模型（Nordhaus and Yang，1996），假设碳排放强度系数受到研发投资的影响，进而研究内生技术进步对于减排路径和成本的影响。同样，Buonanno 等（2003）基于 RICE 模型，通过建立研发投入和碳排放强度之间的关系，研究内生技术进步对于碳排放强度的影响。由此可见，LBD 和 LBS 均为内生能源技术进步的重要部分，Goulder 和 Mathai（2000）基于成本-效果分析和成本-效益分析原则，分别考虑基于研发投入和 LBD 学习曲线的知识累积对最优减排路径和最优碳税的影响。研究结果表明，当知识累积由研发投资激发时，内生技术进步将会使得部分现有的减排量转移到未来；而当知识累积由 LBD 学习曲线激发时，对减排量的影响更加明显。在成本-效果分析原则下，LBD 和 LBS 学习曲线所刻画的技术进步模式均会降低最优碳税水平，而在成本-效益分析原则下，LBD 和 LBS 学习曲线所刻画的技术进步模式对于最优碳税的影响较弱。

　　无论是考虑单一 LBD 或者单一 LBS 因素的学习曲线均被称为单因素学习曲线。然而，在单独使用 LBD 或 LBS 学习曲线刻画内生技术转换时，均会由于不干中遗忘（forgetting by not doing，FBND）现象降低知识累积的学习效用（Duan et al.，2014）。事实上，在技术发展过程中，LBD 和 LBS 因素均会促进技术进步。因此，在研究内生技术学习过程中，学者开始引入综合考虑 LBD 和 LBS 两个因素的技术进步过程，并将其称为双因素学习曲线（two-factor learning curve，TFLC）。Barreto 和 Kypreos（2004）将研发投资和装机容量累计相结合，并进行内生能源技术学习，研究双因素学习曲线对经济和能源结构的影响。Duan 等（2014）将修正 logistic 曲线引入自顶而下的框架，建立 E3METL 研究碳税政策下多种能源技术的演化路径。其中，对比双因素学习曲线和基于 LBD 的单因素学习曲线情景，发现基于研发投入的内生技术转换对于 CO_2 减排起到十分重要的作用，并且研发投资并没有直接作用于 CO_2 的减排，而是通过降低非化石能源技术成本，进而调整化石能源和非化石能源的使用份额，以达到减排目的。此外，相应的理论研究显示，不同国家累积的技术外部性会产生知识溢出效应（Romer，1990；Lucas，1988），并激发周边国家这一技术的演变，研究表明不同地区间知识溢出对该种技术的成本下降和发展具有非常重要的作用（Griliches，1992；Mohnen，1994；Coe and Helpman，1995；Buonanno et al.，2003）。

1.2.3　减缓和适应措施

减缓和适应措施是应对全球气候变化挑战的重要手段，其应对效果和所需成本也是学者最为关心的研究热点。控制温室气体排放作为应对全球气候变化的核心减缓措施之一，存在多种可采用的政策机制和措施，其宗旨就是控制化石能源消费、促进非化石能源技术对传统化石能源的替代效果，以及捕获和封存将要排放的温室气体。当前，很多此类减缓措施被刻画至相关模型当中，以研究其对应的对气候变化、区域经济发展和能源结构的影响，如碳税（Nordhaus，1993；van der Zwaan et al.，2002；Popp，2004；Kemfert，2005；Duan et al.，2013）、非化石能源补贴（Gerlagh and van der Zwaan，2006；Duan et al.，2014）、CCS（Keller et al.，2008；Zhu and Fan，2011；van der Zwaan and Gerlagh，2009；Grimaud et al.，2011；Lund and Mathiesen，2012；Gerbelová et al.，2013；Zhu et al.，2015）、碳排放权交易（Parry et al.，1999；Edwards and Hutton，2001；Hübler et al.，2014；Wu et al.，2016）等。此外，现存的很多综合评估模型集中研究气候损失和减缓成本之间的权衡问题，很少研究适应措施的作用，或者仅仅将其作为损失评估的一部分（Fankhauser et al.，1999）。这是由于适应措施往往会被认为是一种私人避免损失的选项（Tol，2005）。事实上，很多形式的适应措施均是公共的，即使一些私人的措施也可能是由公共政策而激励形成的行为。

为了更好地研究气候变化及相关气候政策对于经济、能源、环境系统的影响，评估模型应该纳入适应措施的政策变量，以完善政策工具的评估。综合评估模型相比于通常的评估模型，具有相对统一的建模标准（Agrawala et al.，2011）。因此，对于不同政策工具的评估，很多研究基于 IAM 模型进行分析（Nordhaus，1993；

Manne et al., 1995; Nordhaus and Yang, 1996; Nordhaus and Boyer, 2000; Goulder and Mathai, 2000; Tol, 2001; van der Zwaan et al., 2002; Islam et al., 2003; Gerlagh et al., 2004, 2006; Bollen et al., 2009; Duan et al., 2014)。但是，这些现存的 IAM 模型大多集中研究减缓措施和气候变化之间的关系，只有少数包含适应模块的 IAM 模型对于减缓措施和适应措施进行了权衡研究（Tol, 2007; de Bruin et al., 2009; Bosello et al., 2009; Bahn et al., 2012; Piontek et al., 2021），其中主要包括了以下几类模型：DICE 模型、RICE 模型、MERGE、FUND（the climate framework for uncertainty, negotiation and distribution model，气候框架下的不确定性，谈判及分配模型）、PAGE 模型和 WITCH 模型。为了更好地研究气候变化及相关气候政策对于经济、能源、环境系统的影响，评估模型应该纳入适应措施的政策变量，以完善政策工具的评估。

　　适应措施在综合评估模型中的应用最早出现在 PAGE 模型中（Hope et al., 1993），作者指出单独采用减缓措施不足以应对气候问题，应该将适应措施和减缓措施相结合。从结果来看，PAGE 模型中适应措施所带来的收益高于之前文献的模拟结果（Reilly et al., 1994; Mendelsohn, 2000）。虽然 PAGE 模型中引入了适应措施的政策变量，但是该模拟方法仅仅通过设定情景，外生研究不同适应变量对其他经济变量和气候变量的影响程度，并没有内生得到最优适应水平。随后，为了内生量化适应措施水平，Tol（2007）基于 Fankhauser（1995）的研究，将沿海防护水平设定为决策变量，并将其刻画至 FUND 当中，研究了减缓措施和适应措施对于气候变化所导致的海平面上升的影响（Tol, 2007）。研究结果表明，如果没有适应措施，到 2100 年，全世界绝大多数的国家会被海水淹没。虽然在 FUND 中将适应措施设定为内生变量，但是其仅单一研究了此类沿海防护适应措施的最优水平，对于其他种类的适应措施缺少量化分析。

　　然而，单一的适应措施内生研究并不能完整地体现适应措施在应对气候变化领域的作用，也不能很好地权衡减缓措施和适应措施对于应对气候变化挑战的作用（Agrawala et al., 2011）。因此，越来越多用于对比分析减缓措施和适应措施的综合评估模型采用不同种类的投资流量或存量来刻画适应水平，如 DICE 模型和 RICE 模型，即设定"流量"变量来刻画适应系数（de Bruin et al., 2009），而更为复杂的 WITCH 模型则将适应措施细分为应急性适应行为、预期性适应行为和适应能力建设（Bosello et al., 2009）。其中，de Bruin 等（2009）基于适应成本方程的假设，将应急性适应措施刻画为适应系数，建立 AD_DICE（an implementation of adaptation in the DICE model，基于 DICE 模型的适应实现模型），通过对不同参数下的适应措施成本方程模拟，研究发现适应措施在早期可以有效地降低应对气候变化的潜在成本，但在减排中后期，减缓措施将起到更重要的作用。Bosello 等（2009）利用 WITCH 模型研究得到最优的跨期气候政策组合，即早期对减缓措施进行投资，随后再投入大量的适应措施。可以看出，虽然适应措施可以降低成本，但不会促使减缓措施的延迟投资，根据 WITCH 模型的模拟结果可知，全球的适应措施于 2035 年左右才能进行成规模的投资。

上述 IAM 模型虽然在宏观经济层面评估了减缓措施和适应措施对于经济、能源和气候体系的影响水平，但是它们均忽略了气候变化对于不同经济产业易损性的差异，因此在上述几类 IAM 的模型框架中，并没有区分不同经济产业部门。又因为，适应措施存在于各个经济部门，但是其作用于各地区和经济部门的气候风险避免能力和应对气候损失能力差异较大（Pachauri et al.，2014）。所以，在建立包含减缓措施和适应措施政策工具的 IAM 模型时，需要将经济产业部门气候易损性的差异考虑至模型框架当中，也就是说需要进一步细分社会经济部门。为降低计算的复杂度，部分一般均衡模型通常将社会经济部门划分至三类：农业、工业，以及服务业（Li and Lin，2013）。

此外，气候变化对于不同国家地区的影响差别很大。个体和群体对于气候影响下的易损性不仅仅单纯地受到他们各自的居住条件影响，而且和这些地区的服务能力、政府的效率以及其可以实施何种程度的应对气候变化措施密切相关。目前，越是贫困的地区，其气候易损性越强，这一观点普遍被人们接受。这是因为这些贫困地区缺乏基本的城市服务能力，难以应对由气候变化所引起的相关损失和灾难（Laukkonen et al.，2009）。可以看出，尤其对于发展中国家而言，一方面迫于经济发展的需求，经济生产过程中必然会带来巨大的温室气体排放，另一方面，由于自身基础设施和防护技术水平的相对低下，这些发展中国家所遭受的气候影响更为强烈。因此，此类国家层面减缓措施和适应措施的策略选择对于应对全球气候问题以及本国气候损失将起到十分重要的作用。

1.2.4　成本–效果分析

成本–效果分析框架在节能环保和医疗等领域对项目的评估和决策起到非常重要的作用。目前，关于成本–效果分析理论的研究和应用已经发展了 40 余年，其最早应用于评价健康医疗项目的成本–效果分析（Bell et al.，2006；Eger and Wilsker，2007；van de Wetering et al.，2012）。之后，越来越多的学者在不同研究领域也开始引入成本–效果分析评价方法，并对各领域的研究成果的拓展做出了一定的贡献（Ubel et al.，1996；Ades et al.，2006；Romeo et al.，2009；Hoyle，2011）。成本–效果分析框架在 20 世纪 80 年代开始被广泛应用于经济评价领域（Robinson，1993a）。

在应对全球气候变化相关领域，通过使用成本–效果分析类评价分析方法，学者可以对降低废气排放、防止空气污染、改善区域气候及保护生态环境等问题进行更加深入的研究。Żylicz（1995）针对波兰关于控制国家空气质量的项目，在国家层面利用成本-效果分析框架，研究得到控制空气污染问题的国内和国际因素，并将其列入波兰国家层面的发展纲要。Mehta 和 Shahpar（2004）基于成本-效果分析框架，对非洲、美国以及东南亚由于取暖而产生的空气问题进行相关研究。研究结果显示，为更好地改善空气质量、控制区域污染问题以及解决公众健康问题，政府应该鼓励使用清洁能源，并进一步改善火炉的质量，采取合理方式减少居民所用的固体燃料。此外，部分学者将成本-效果分析理论引入控制废气排放的研究当中，以此分析改善地区空气质量的政策和措施。Perl 和 Dunbar（1982）建立用于评估二氧化硫管理规章下成本的线性规划模型，基于成本-效果分析原则，研究该二氧化硫管理策略的成本-效果分析。研究结果显示，改变现行的管理制度相比于控制污染气体排放限额更为重要。Naill 等（1992）利用不同情景的设置，对美国减缓气候变化的相关策略进行成本-效果分析，研究结果显示，决策者需要整合具有成本-效果分析的策略，并主要针对碳排放在较大的区域实施。部分学者利用成本-效果分析框架对控制温室气体排放政策进行了评价研究，研究结果显示，许可交易系统和生产定额系统具有相同的生产效率（Lehtila and Tuhkanen，1999；Dissou，2005）。Goulder 等（1999）建立一般均衡模型，并对特定技术、生产定额、能源税、排放许可和排放税进行成本-效果分析评估和调查，发现不同策略的成本-效果分析主要受到现存税收政策和地区受污染程度的影响。

此外，成本-效果分析框架还在研究能源品种的效率提升方面（如生物能源、煤炭、电能等）具有广泛的应用。Palmer 和 Burtraw（2005）基于成本-效果分析框架，对于改善可更新电能的相关政策进行分析。研究结果表明能源生产税额扣除可以通过减少纳税人的负担而降低用电的价格，然而"限额贸易"体制是最易实现降低碳排放的措施。Kammen 等（2008）对比了电力运输工具和传统运输工具的社会成本，研究发现，虽然传统运输工具的排放率远远超出了该地区的排放标准，但如果在存在一定程度的空气污染条件下，通过使用电力运输工具所减少的污染只能抵消其使用电池带来的高额成本。Srivastava 等（2006）研究燃煤发电锅炉中卤化粉状活性炭对于降低汞排放的潜在优势。研究结果表明，在没有标准粉状活性炭效用时，需要加强注入吸附剂的效用。此外，由于卤化粉状活性炭和吸附剂的使用不需要安装织物过滤器，进而可以提高汞的成本有效性。Kneifel（2010）基于能源成本-效果分析框架的建立，对碳排放的降低和节能生命周期进行估计研究。结果表明，能效技术的投资回报会由于碳排放成本的增加而提升。此外，Kovacevic 和 Wesseler（2010）基于成本-效果分析框架研究各种能源技术的社会成本，并分析公路交通的生物柴油生产与化石能源的成本。研究结果表明，投资生活技术、进行广泛的环境研究，以及实施相关政策有助于实现能源有效利用。不难发现，成本-效果分析被广泛应用于众多学科领域的研究当中。其中，构建一个概念框架并通过实证研究将成本-效果分析和其他相关研究相联系是成本-效果分析研究的热点问题，这也进一步深化了有关成本-效果分析的研究领域。

当然，一些其他领域的研究也基于传统成本-效果分析研究模式，并构建本领域的成本-效果分析框架，对现存的学术成果进行升华和改善，进一步加深对成本-效果分析研究的理解。Berghmans 等（2004）基于成本-效果分析框架，在临床实践问题中引入经济学理论，并进行了深入探讨。Bonomi 等（2005a，2005b）打破传统经济学意义上的外部性研究，引入家庭层次的成本-效果分析，对溢出效应和外部性理论带来了极大的挑战。成本-效果分析研究在社会、管理以及经济学的相关研究领域中具有更为丰富和广泛的应用。Ades 等（2006）利用贝叶斯统计方法所提供的间接依据对成本-效果分析提供理论支撑，首先提出利用整合的思路研究成本-效果分析并强调经济层面评估的应用。Sabariego 等（2010）首次基于成本-效果分析框架，结合早期治疗的综合性教育和及早寻求专家帮助所带来的社会经济效益进行这些措施的成本-效果分析。Noben 等（2012）对持续可用性的研究建立了一个基准成本-效果分析框架，对其方法论设计进行了详细、科学的描述。

1.2.5 成本-效益分析

成本-效果分析和成本-效益分析原则被广泛应用于环境政策评估、情景分析和风险管理的研究中（Hanley and Spash，1993）。基于 1.2.4 节内容不难发现，成本-效果分析强调政策的成本最优性，而成本-效益分析除了需要考虑政策实施的成本，还将其潜在获益纳入评价体系（Goulder and Mathai，2000）。然而，无论是对于环境污染物还是温室气体的减排政策，均存在巨大的潜在获益，因此，在环境治理、减缓气候变化的研究中多数采用 CBA 作为评价准则。CBA 方法起源于 1808 年 Albert Gallatin（艾伯特·加勒廷）对于水资源工程项目的评价研究。随后，大量研究基于 CBA 框架对各类项目进行评价分析（Maass et al.，1962；Kneese，1964；Krutilla，1967）。20 世纪 70 年代，CBA 开始被应用于环境管理方面的研究，其中包括对环境损失和环境影响的评估（Baumol and Oates，1988；Pearce et al.，1989）。

在研究全球气候变化领域中，CBA 最早应用于 1977 年，Nordhaus 基于成本获益分析框架建立优化模型，研究 CO_2 浓度最优路径问题（Nordhaus，1977；Nordhaus，1982）。随后，许多研究均基于 CBA 框架研究气候变化问题。Manne 等（1995）基于成本获益原则分别对碳税、延迟碳税、排放限值、浓度限值等政策情景进行评价，结果显示延迟碳税是唯一达到盈亏平衡点的政策。Maddison（1995）通过减排成本方程、损失方程以及再造林成本方程的假设，基于成本获益原则核算减排政策的总成本，但该种假设存在很大的不确定性（Nordhaus，1994）。

其结果显示，在 21 世纪末，实施最优碳税政策可以使总成本下降 0.7 万亿美元。Lind（1995）提出成本获益原则对于研究长期性的气候问题的重要性。并且，基于 CBA 原则选择适当减排政策时，贴现率对于当期决策具有很大的影响。Goulder 和 Mathai（2000）基于 CEA 和 CBA 原则研究了内生技术进步对新技术发展的影响，并得到不同准则下的最优 CO_2 减排和碳税路径。研究结果显示，相比于成本有效原则，基于成本获益原则时，内生技术进步的存在会带来更多的减排。对于减排成本，基于成本有效原则时，内生技术进步导致的前期减排成本和最优碳税较小，而基于成本获益原则下，内生技术进步导致的前期减排成本和最优碳税较大。Islam 等（2003）从经济增长和环境变化两方面分别定义成本和获益，并以此建立长期经济增长模型研究经济和环境可持续发展的相关问题。其中，该文将获益超过成本定义为经济可持续发展，由结果可知，减排措施可以促使社会向可持续发展趋近。

　　传统的 CBA 研究框架一般包括四个部分，即对政策工具的定义、对政策工具的影响、对地区经济相关的影响、对量化或货币化政策工具的影响（Hanley and Spash，1993）。此类 CBA 框架暗含假设：政策和项目对于经济增长的影响可以忽略不计（Maass et al.，1962；Kneese，1964）。但是，对于气候政策和能源技术改善项目，该假设不切实际（Dietz and Hepburn，2013）。因此，对于气候问题的研究，很多学者引入了其他 CBA 方法。Tol（2001）指出基于社会福利最大化的减排政策难以满足公平性原则，因此，他基于减排成本和减排获益相等的假设，研究不同地区的减排效果。van den Bergh（2004）指出定量成本-效益分析（quantitative cost-benefit analysis，QCBA）和福利最大化的经济分析框架在解决气候问题时均存在自身的局限性。由于气候损失和减排成本的巨大不确定性，定量成本-效益分析对于是否减排、减排路径选择等问题的解释很难说服决策者。而对于福利最大化的经济分析框架，在减排政策的选择上则仅仅考虑其宏观成本最小，容易忽略其他成本较高但具有巨大潜在获益的减排政策，这使得人类在应对气候问题方面变得十分狭隘。此外，环境污染物和温室气体减排政策之间具有很强的协同效益，许多研究指出该种环境协同效应具有非常大的潜力（Mundial，2007；Aunan et al.，2004，2007）。因此，考虑协同效应的 CBA 框架被应用于此类问题的研究当中。Bollen 等（2009）基于 CBA 框架，研究全球气候变化和地区污染控制（local air pollution，LAP）政策的成本获益、协同效益，并且对比它们在组合政策下的成本获益，可以看到，全球气候变化和地区污染控制组合政策的总污染物减排量远远多于单一政策的减排量。Vennemo 等（2009）同样考虑到温室气体减排政策的环境协同效益，并基于 CBA 框架，对比排放强度上限、排放上限及部分部门排放强度上限三类减排政策的成本-效益分析结果。由结果可知：排放强度上限具有较大环境协同效益。其中，在排放强度下降15%限制目标下，净获益最大。

在运用 CBA 框架时，通常利用收益和成本的比率（benefit-cost-ratio，BCR）来评估和分析相应灾难减缓措施的成本有效性（Kull et al.，2013；Whitehead and Rose，2009；Mechler，2005）。但是，成本或收益的不同定义会极大程度上影响收益和成本的比率，进而影响对于减缓政策的决定（Shreve and Kelman，2014）。部分学者认为应对气候变化挑战的减缓政策的获益大于其成本，Stern（2007）指出在严格的气候政策下，其获益将远远大于成本。Kuosmanen 等（2009）指出：由于温室气体减排存在额外获益，如减少本地空气污染物，他基于 CBA 框架，评价了减排策略相应的成本和获益。研究结果表明，在考虑额外获益的情况下，温室气体减排策略的获益大于其成本。Bollen 等（2009）考虑全球气候变化和地区污染控制政策之间的协同效益，研究发现两类政策所带来的收益远远大于其成本，全球气候变化政策在有效降低 CO_2 排放的同时，也可以一定程度上降低环境污染物的排放。

另外一些学者则认为应对气候变化挑战的减缓政策的成本大于其获益，Hamilton 和 Viscusi（1999）基于 CBA 原则，对比分析美国环境保护署（Environmental Protection Agency，EPA）的"超级基金项目"，研究结果显示，许多美国环境保护署"超级基金项目"的补救措施没有通过成本获益测试，如在避免癌症的治疗中，成功率低于 0.1，但是其成本高达 1 亿美元。Kavuncu 和 Knabb（2005）将消费损失和上升分别定义为浓度控制的成本和获益，以此研究浓度控制目标对经济发展的影响。研究结果显示，现阶段的政策成本非常大，在中程度损失情景下，该成本持续上升，直到 2105 年左右达到峰值，然后逐渐下降。然而，直到 2315 年左右，才会出现获益。Tol（2012）基于欧盟碳市场的碳价和之前研究估计的边际碳排放损失（Tol，2010），基于 CBA 框架，研究欧洲 2020 年减排目标（相对 1990 年排放水平下降 20%）的成本收益性，发现获益成本比仅仅为 1/30。

综上所述，CBA 研究框架可以对应对气候变化政策进行理论上的评价，进而可以为政策制定提供相关的依据。但是，基于 CBA 原则的研究同样面临许多困难，如环境改变的长期性、不可逆性以及不确定性（Hanley and Spash，1993），尤其是在成本、获益评估阶段存在巨大的不确定性。Manne 等（1995）指出气候变化研究中成本获益分析具有很大的困难，尤其是对获益的评估。他们将气候损失的下降定义为减排政策的潜在获益，并且，为了更好地刻画该种获益，进一步将气候损失分为两类：市场损失和非市场损失。Hof 等（2008）比较分析多种减排成本和损失方程的设定对减排效果的影响，研究结果发现，相比贴现率的影响程度，减排成本和损失成本的不确定性的影响同样非常重要。Weitzman（2009）提出的著名的"悲伤定理"（dismal theorem）指出，在未来巨大不确定性假设下，CBA 框架会导致极端结果。也就是说，当贴现率为无穷值时，社会将会愿意使用现有全部的资源来防止环境恶化。Horowitz 和 Lange（2014）基于 Weitzman（2009）

的"悲伤定理" 推导过程，研究发现除了贴现率的不确定性对 CBA 框架具有重要影响，投资回报率的不确定性同样会使得 CBA 框架出现极端结果，即投资回报率为 1 时，社会将会愿意投资所有的财富来防止环境恶化。

目前，对于我国气候政策，基于 CBA 框架的评价研究较少。Wen 和 Chen（2008）从经济、生态和社会三个层面核算 1980~2002 年我国经济发展过程中的成本和获益，进而分析该阶段我国经济发展的可持续性。基于 CBA 框架，2000 年以前，我国的净收益率皆处于负值，其中，最低净收益率出现在 1982 年，大约为–24.2%；2000~2002 年，中国的净收益率呈现较低的正值。如果没有其他科技创新或者相关政策实施，中国经济发展的成本将会大于获益，为不可持续性发展（Wen and Chen，2008）。Vennemo 等（2009）基于宏观经济成本和环境协同效益建立 CBA 框架，对比分析排放强度上限、排放上限及部分部门排放强度上限三类中国减排政策的成本收益性，由结果可知：排放强度上限具有较大的环境协同效益，但是其对中国农村居民有较大的负面影响，主要体现在较大的消费损失。其中，在排放强度下降 15%的限制目标下，净获益最大。并且，如果对制造业和电力行业实施排放强度限制，则中国的环境协同效益相对较小。该文指出，中国温室气体减排政策对当地空气质量有较强的协同效益，进而可以提高公共健康水平和农产品产量。

1.2.6 气候损失评估

全球气候变暖不仅仅会使得冰川加速融化、海平面上升、生物多样性减弱以及生态环境遭到破坏，而且会增加海啸、飓风及洪水等极端事件的发生频率，这些均会使得人类的生存环境和经济活动遭受巨大的经济损失（Pachauri and Reisinger，2007）。因此，对气候损失的评估是应对全球变暖研究中非常重要的环节。早期对气候损失的评估主要集中在对各个已经遭受的损失进行累加，以此计算之前的气候损失程度。越来越多的学者基于历史数据来估算美国在大气 CO_2 浓度较工业化之前的水平翻倍情景下遭受的气候损失（Cline，1997；Titus，1992；Fankhauser，1992）。Tol（2001）建立气候变化和地区脆弱性函数来刻画气候反馈的影响，进一步研究 2000 年至 2200 年两百年间海平面上升、能源消费、水资源、林业以及农业等受到气候变化的动态影响。研究结果表明，不同地区的气候易损性存在较大的差异。因此，对于不同地区和部门需要实施更加具有针对性的措施以应对气候变化的影响（Tol，2002a；Tol，2002b）。总体来看，学者评估经济发达地区，如经济合作与发展组织（Organisation for Economic Co-operation and Development，OECD）等地区，遭受的气候变化影响大概在 GDP 的 4%以内，而非洲、东欧、中国以及苏联等欠发达地区具有更大风险遭受负向气候影响，且气候损失可能会超过地区生产总值的 8%（Tol，1994；Tol，1995）。Ayres 和 Walter（1991）则基于边际碳排放成本来评估当前气候变化的经济损失程度，认为当前可度量的市场化损失大概为每吨 CO_2 当量 30 美元至 35 美元。随后，很多学者基于成本-效益分析和边际社会成本分析框架对每单位温室气体排放损失的边际成本进行估计，以测算气候变化影响的经济损失程度（Peck and Teisberg，1993；Cline，1997；Fankhauser，1994；Maddison，1994；Tol，2001；Tol，2002a；Tol，2002b；Anthoff et al.，2009；Riahi et al.，2021）。

随着综合评估模型在气候变化领域的广泛使用，越来越多的学者开始基于该类模型对全球乃至不同地区的气候损失进行评估和模拟。最早利用综合评估模型进行气候损失评估源于 Nordhaus 于 1993 年的研究，他利用 DICE 模型估计全球平均温度较工业化前水平上升导致的气候损失因子，以此来评估气候损失程度（Nordhaus，1993）。其中，在该种评估模式下，气候损失的估计来自该气候损失因子和地区生产总值的乘积。然而，此类方法通常会弱化气候变化非市场损失影响的刻画（Kokoski and Smith，1987；Manne et al.，1995）。市场损失通常指通过国民账户统计的经济损失，非市场损失则主要表示气候变化对人类生存环境、自然生态系统等影响的估计（Fankhauser，1994）。Manne 等（1995）基于 MERGE 对气候变化的市场损失和非市场损失进行刻画，其中，利用对人类向自然生态系统遭受损失的意愿支付水平来度量非市场损失程度。无论是市场损失还是非市场损失的度量，越来越多的学者开始基于此类线性气候影响的关系来刻画气候变化和地区经济之间的关系，即用全球平均温度上升幅度来评估得到的气候损失因子与地区生产总值之间的乘积（van der Zwaan et al.，2002；Bosetti et al.，2006；Duan et al.，2014）。然而，经济生产过程中很多的生产要素，如农作物和劳动力的投入量，很可能与地区温度变化之间存在较强的非线性关系（Schlenker and Roberts，2009；Zivin and Neidell，2014）。因此，Burke 等（2015）提出了地区平均温度上升与经济增速之间关系的理论框架和实证方法，并利用地区温度变化和经济增速的历史数据评估得到温度上升影响地区经济增速的气候损失因子。研究结果表明，在绝大多数地区，经济产出的增速于地区温度达到 13℃ 左右时达到峰值。然而，Emmerling 和 Tavoni（2017）将 Burke 等（2015）提出的影响经济增速的排放因子实证结果引入全球多区域综合评估模型 WITCH 模型的理论框架，对比研究 Burke 等（2015）和 Nordhaus 提出的气候损失评估方式对太阳辐射管理政策实施效果的影响。

但是在气候损失评估方面，无论是基于统计数据还是模型模拟，均存在许多争议。一方面是对于非市场方面的气候反馈估计缺乏足够的历史数据和实证结果的支持（Ayres and Walter，1991）；另一方面是对于气候变化的影响范围考量还不足以覆盖全社会的各个方面，除了海平面上升、农业生产等方面，还需要将人类健康、生态环境等方面纳入考量（Hallegatte et al.，2016）。Hallegatte 等（2016）

总结了气候变化对于社会和生态系统的主要影响。主要包括：独特而易受威胁的系统，如珊瑚礁生态系统；极端天气事件，如高温热浪和沿海洪水；气候变化影响分布不均，尤其在贫困地区和生态脆弱地区；全球综合影响，如对生物多样性和全球经济的影响；大规模异常现象，如生态系统和冰川临界点。并且，随着温度的上升（或者气候损失）这些影响的潜在风险也急剧上升。此外，目前对于发达地区的气候损失评估研究较多，如美国和 OECD 成员国等，对于发展中国家的相关研究还处于相对初步的阶段，尤其是利用综合评估模型对气候损失可能较大的发展中地区的相关研究较缺乏，如中国等。综合评估模型是用于测算和量化分析气候影响和地区气候行动的有效分析工具，Tavoni 等（2015）利用全球六大影响力最强的综合评估模型对于全球各地区的气候影响进行评估分析，可以发现在考虑模型设置的差异性下，对于未来气候损失的评估都存在很大的不确定性，其中对于我国的气候指标评估的不确定性尤其之大。不难发现，我国气候行动和策略的优化实施会受到当地气候损失估算的影响，传统线性气候变化影响在一定程度上不足以刻画和分析未来地区的最优气候策略组合和成本支出结构。

1.3 研究目的与技术路线

1.3.1 研究目的

气候变化问题不仅仅与大气环境、海洋环境和陆地环境紧密相关，还需要考虑地区经济发展、能源消耗和应对气候变化行动的实际情况。不难看出，研究气候问题本身是一个复杂的系统科学问题，而人类的各类经济活动所产生的温室气体排放是加剧气候变化的直接原因。因此，为探究应对和解决气候变化问题的最优决策，需要国家乃至全球各地区平衡自身经济发展和能源技术发展、减缓温室气体排放以及适应气候变化措施实施之间的关系，合理规划并制定经济生产和人类生活的行为决策。

本书重点关注如何制定合理的应对气候变化政策，并对其经济影响和减排表现进行全面、详细的评价，同时还考察了全球温控目标和我国自主减排贡献目标下，我国应该如何优化分配减缓和适应措施的投资路径，以及气候损失评估方式的差异性对于地区应对气候变化行为的影响。因此，我们需要构建一个中国气候变化综合评估模型，该模型不仅仅要能在长时间维度上体现我国经济、人口、能源使用和碳排放等动态特性以及当前与未来的代际间效用分配，同时还需要在全球层面合理度量我国气候损失水平，并在模型框架下引入较为详细的减缓和适应模块以使其更好地分析和权衡中国两类气候措施的应对效果。因此，该模型应当是一个在长时期维度上同时涵盖中国减缓和适应两类模块的综合评估模型，这也是本书的第一个研究目的。

以往有关综合评估模型的研究中，一般是基于成本-效果分析框架建立评价指标来评估地区应对气候变化政策的减排表现（Nordhaus，1993；Robinson，1993b；Maddison，1995；Wigley et al.，1996；Nordhaus and Yang，1996；Nordhaus and Boyer，2000；van der Zwaan et al.，2002；Gerlagh et al.，2004；Gerlagh and van der Zwaan，2006；Duan et al.，2014），这类评价指标体系的优势是可以通过比较不同层面的成本指标来分析实施减排政策所需的宏观经济成本，然而实施这些减排政策可以通过控制温室气体排放达到降低气候损失的目的，进而获得部分气候潜在收益。我国作为全球人口最多的国家，同时也是最大的发展中国家，也是温室气体排放大国，其遭受的气候损失可能处于较高的水平。如何评估我国遭受的气候损失对于地区气候政策的减排表现评价具有非常重要的意义。此外，如何在应对气候变化挑战和发展经济两个目标中权衡，并选择较优的可持续发展路径将成为我国必须面对并着力解决的问题。因此，基于 CEA 和 CBA 框架建立相关指标对我国相关气候政策的成本有效性和成本收益性进行量化比较研究是本书的第二个研究目的。

本书的第三个研究目的是在中国综合评估模型的框架体系下，将经济部门划分为第一产业、第二产业和第三产业部门，并引入适应气候变化投资模块，构建涵盖减缓和适应模块的中国多部门综合评估模型。除了减缓温室气体排放之外，应对气候变化还有另外一条路径，即采取适应措施以避免当前和未来的潜在气候损失。全球气候变暖对人类生存环境具有不可逆的影响，会对发展中国家造成较大的经济影响。因此，合理投资并实施一定程度的适应措施对于我国应对气候变化具有非常重要的意义。这要求我们在建立综合评估模型时，需要很好地刻画减缓和适应模块，不仅仅考虑应急性的适应投资行为，还需要将预期性的适应投资行为和适应能力建设投资水平很好地刻画至模型当中。此外，不同经济部门遭受的气候损失水平具有一定的差异性，因此我们在刻画经济活动时还需要将经济部门进行细分，以此探讨全球温控目标和我国自主减排贡献目标下不同部门应对气候变化行为和碳排放路径的差异性。

依托建立的中国综合评估模型考察并探索不同气候损失评估方式对我国减缓和适应措施的优化选择的影响是本书第四个研究目的。目前，全球气候变化问题所导致的气候损失存在较大的不确定性，评估气候损失方式的差异性对优化应对气候问题的行为具有较大的影响。当前对气候损失的量化评估方法有两类，一是基于 Nordhaus（1993）研究所得到的模式，即通过地区生产总值与气候因子的乘积来度量气候变化带来的市场损失。随后，为了探究非市场损失对于社会经济的影响，Manne 等（1995）通过人类避免气候变化的支付意愿来度量其非市场损失，并将其引入综合评估模型 MERGE 当中。二是基于 Burke 等（2015）的研究，通过估算气候变化与经济生产增速之间的关系,利用影响 GDP 增速的气候因子来度量气候损失。不难发现,这些对气候损失评估的方法存在较大的差异性,并对未来应对气候变化措施的模拟和优化造成一定的影响。一方面,我们要探究如何将 Burke 等（2015）的研究结果引入综合评估模型关于气候损失评估的模块当中,另一方面,我们还要研究两类气候损失评估模式下,我国减缓和适应气候变化行为在不同经济部门的投入时间、成本及避免气候损失效果的差异性。

基于全球多区域综合评估模型 WITCH 模型建立全球-中国多区域 WITCH-China 模型,研究我国多区域经济发展、能源技术演化以及碳排放路径的演变规律是本书第五个研究目的。该模型一方面继承了全球多区域综合评估模型的总体特点,具有能源技术、碳循环系统和宏观经济等模块的建模细节,进而可以较好地刻画新能源技术对传统能源技术的替代关系,并评估优化能源消费配置和温室气体减排行为的宏观成本；另一方面,根据地区经济发展和资源禀赋的差异性,将我国地区划分至东、中、西三部分,以研究在全球温控目标下我国不同地区的能源技术演化和碳排放路径的变化规律,同时对比我国和世界其他地区的宏观经济水平受到气候变化影响的差异性。鉴于此,在利用中国综合评估模型来探索国家层面的减缓和适应气候变化行为的最优选择的同时,我们也展开了基于全球多区域综合评估模型对我国和世界其他地区的经济发展、能源技术和碳排放路径的相关研究。

本书最后一个研究目的就是基于中国综合评估模型和全球-中国多区域综合评估模型的构建,以及有关国家层面应对气候变化问题的分析,试图归纳和总结此类模型的构建以及应用于应对气候变化领域研究的相关启示。气候变化问题不仅仅涵盖温度上升、环境污染以及极端事件发生等有关人类生存环境方面,而且会对人类经济活动造成巨大的影响。而综合评估模型的构建就是试图从更为全面的角度来阐述和研究这些问题。但是,为了研究不同的问题,学者在构建综合评估模型时往往需要重点刻画本研究目的的模块,如在研究减缓和适应行为的优化选择研究中需要很好地刻画减缓和适应气候变化模块。因此,在构建相关模型时,针对本研究目的如何有针对性地刻画所需的模块对于气候变化领域的建模研究具有非常重要的意义。此外,除了理论建模方面,综合评估建模对于相关学术研究以及为决策制定者提供政策建议方面均具有非常重要的意义。

1.3.2　技术路线

本书研究以中国和全球多区域综合评估模型的构建和应用为主线,围绕全球温控目标和我国自主减排贡献目标下经济发展、碳排放轨迹变化、减缓和适应策略投资路径演变以及气候损失评估等问题展开。具体来看,我们首先构建了中国综合评估模型,并基于该模型展开了对我国减缓政策的成本-效果分析和成本-效益分析方面的应用研究。其次，我们将中国综合评估模型的经济模块拓展至三产业部门层面，并引入较为详细的适应气候变化投资模块，以此研究我国各经济部门减缓和适应气候变化行为的交互关系。再次，我们将 Burke 等（2015）评估的气候损失方程引入综合评估模型，并对比分析了该气候损失评估方程和传统气候损失评估方程（Manne et al.，1995）对我国应对气候变化行为的影响，同时基于该模型研究了气候损失评估中关键参数的敏感性等方面的内容。最后，我们从构建全球多区域综合评估模型层面研究了我国和世界其他地区在全球温控目标下的经济发展、能源技术和碳排放路径演变等相关内容。技术路线如图 1.6 所示。

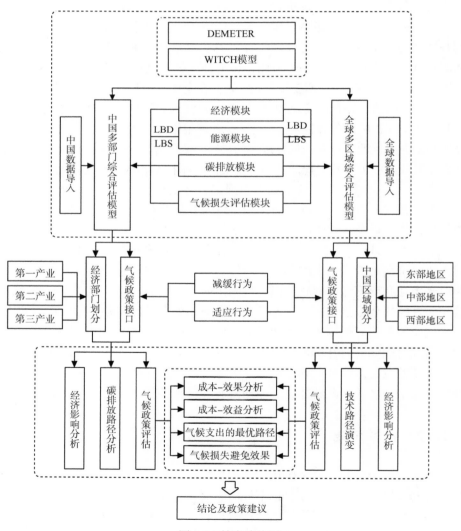

图 1.6　技术路线图

1.4　全书结构与研究内容

本书的主体内容由八章构成，包括宏观层面的中国综合评估模型和全球多区域综合评估模型构建与最优减缓和适应投资组合策略分析以及综合评估模型的应用探讨，各章的具体内容安排如下。

第 1 章：引言。引言部分主要包含与本书研究相关的背景知识介绍和国内外相关研究进展总结。背景部分从全球和国内层面两个视角来展开铺述。全球层面主要围绕气候变化的严峻形势、应对气候挑战的战略部署以及减缓和适应气候变化措施发展状况展开；国内层面则主要包括我国能源消费与碳排放、应对气候挑战的承诺与行动以及应对气候变化的财政支出现状几个方面展开。文献综述部分则主要对与综合评估模型相关的建模和应用方面的工作进行了简单总结和评述。

第 2 章：中国气候变化综合评估模型的构建。本章首先简单介绍综合评估模型的发展状况，总结现有模型体系的优势与不足，其次从经济、能源技术、碳排放以及气候损失评估四个模块来组建模型细节。

第 3 章：中国气候政策的减排表现评估。本章以构建成本-效果分析和成本-效益分析的评价指标为主线，对我国碳税政策、组合政策以及非化石能源补贴政策的减排表现进行评价。此外，我们还研究了国内和世界其他地区协同合作减排的不确定性对于我国气候政策减排表现的影响，以及不同气候政策依托能源消费下降、核能对传统化石能源的替代以及其他可再生能源对传统化石能源的替代作用的差异性。

第 4 章：中国最优减缓和适应投资组合策略分析。本章将我国自主减排贡献目标和 450 ppmv 的温室气体浓度控制目标作为约束，同时区分第一产业、第二产业和第三产业部门的经济发展、能源使用和碳排放特征，并引入适应气候变化投资模块，以考察我国最优减缓和适应投资路径和不同经济部门的碳排放轨迹的演变规律。

第 5 章：气候损失评估方式的影响分析。基于中国综合评估模型，我们在本章引入了传统气候损失评估方程（Manne et al.，1995）和 Burke 等（2015）提出的气候损失评估方程，通过比较分析两类情景下我国经济部门的减缓与适应投资选择、碳排放路径以及气候损失避免水平的差异性，以研究我国应对气候变化的最优投资组合策略。此外，本章还对气候损失评估方程中的关键参数进行敏感性分析。

第 6 章：全球-中国多区域综合评估建模与分析。本章重点关注我国东部、中部和西部地区的能源技术的演变规律，利用 WITCH-China 模型考察全球温控目标对我国能源消费和宏观经济成本的影响。此外，本章还对比分析了我国和全球其他地区各类能源技术的未来发展路径。

第 7 章：综合评估模型应用研究的进一步探讨。本章基于前面的中国综合评估模型和全球-中国多区域综合评估模型的构建与分析研究，对此类模型的构建以及应用于研究气候变化领域做进一步探讨，以便对今后的气候变化背景下建模研究提供更为详细和全面的借鉴。

第 8 章：全书总结。本章将对全书的研究结论和政策建议进行梳理和总结。此外，本章还将对本书的创新点进行归纳，并展望下一步研究工作的方向。本书结构如图 1.7 所示。

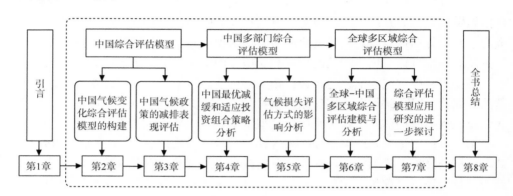

图 1.7　本书结构图

第2章 中国气候变化综合评估模型的构建

本书的主要目的是在长时间维度上研究全球温控和自主减排贡献目标下我国经济发展、能源使用以及碳排放路径的演化规律，同时基于成本-效果分析和成本-效益分析原则考察相关气候政策的减排效果，并分析减缓和适应气候变化投资行为对避免气候损失的影响效果。为解决这一系列相关问题需要构建一个中国气候变化综合评估模型，该模型不仅仅需要涵盖时间维度上的地区碳排放、能源使用、人口和经济等动态特性以及代际间效用分配，而且需要刻画较为详细的减缓和适应气候变化投资模块，以便对比分析地区减缓和适应行为应对气候变化的差异性，并试图得到最优的投资组合路径。因此，该模型应当是在包含我国经济、能源技术、碳排放以及气候损失评估四个模块的基础上同时整合减缓和适应气候变化投资模块的综合评估模型，本章致力于搭建这一模型平台。

2.1 建 模 背 景

综合评估模型的研究工作最早是为了研究气候变化而衍生构建的，尽管不如传统可计算一般均衡（computable general equilibrium，CGE）模型考虑经济部门间关系那么详细，但是综合评估模型的长时间维度特征使得其在研究气候变化问题中具有更为重要的地位。Nordhaus（1993）构建的 DICE 模型、Nordhaus 和 Yang（1996）构建的 RICE 模型、Manne 等（1995）构建的 MERGE、van der Zwaan 等（2002）构建的 DEMETER 以及 Bosetti 等（2006）构建的 WITCH 模型均是用于研究气候变化问题的综合评估模型的典型代表。然而，综合评估模型的理论基础是基于新古典经济理论展开的，并遵循 Ramsey 投资储蓄法则刻画资本的动态累积过程。当然，为了构建并成功运行综合评估模型，需要设定一系列的一般性假设条件。首先，需要个体或者企业具有理性行为，对未来具有完美预见性。也就是说，消费主体或者企业需要通过选择最优的消费和投资路径来优化自身利益或者最大化社会福利。其次，假设综合评估模型中的劳动力不考虑代际更替，即假设模拟劳动力具备无限生命周期。这意味着具备劳动力动态运行机制的综合评估模型也可被称作无限生命周期代理模型。最后，假设投入要素依据常数替代弹性（constant elasticity of substitution，CES），其中包括资本、劳动力和能源投入。

此外，综合评估模型主要包含四部分模块：经济模块、能源技术模块、碳排放模块和气候损失评估模块。对于经济模块，综合评估模型通常对此进行简化处理，以便在模拟动态演化和优化投资及消费路径的模拟过程中降低运算量。这主要是因为综合评估模型在研究气候变化领域时，关键因素就是模拟长时间维度的跨期优化选择，因此在经济部门间的刻画较为简单，通常的做法是将经济部门作为一个整体部门进行分析研究。对于能源技术模块，不同的研究处理方式不同。部分综合评估模型参照 CGE 模型中的 CES 替代形式来进行能源要素的划分，如 van der Zwaan 等（2002）及 Bosetti 等（2006）的研究。然而，还有学者采用其他的方式来细分能源技术，如 Duan 等（2013）利用 logistic 曲线在综合评估模型的能源技术模块将技术进行细分。对于气候模块，主要是与能源技术模块相连接的碳排放模块。通过地区的能源消费水平模拟得到碳排放，并由全球碳排放水平来模拟大气层中碳浓度的变化，进而得到气候变化所引起的全球平均温度上升。当然，除了上述三部分，综合评估模型中还有一个模块对于研究气候变化问题十分重要，就是气候损失评估模块。气候损失评估有助于我们了解地区遭受气候变化的经济影响，并可以在成本最小原则下合理地制定应对措施。气候问题是否能被妥善解决，主要取决于人类是否能采取合理有效的气候政策以减缓和适应气候变化所带来的消极反馈。而这些气候政策需要被量化评估其应对气候变化的效果。因此，综合评估模型在具备以上所有特征的条件下，非常有助于我们研究与气候变化相关的政策评估、经济影响、能源使用以及碳排放路径等热点问题。

通过 1.2.1 节对于气候变化综合评估模型的综述可知，现有的综合评估模型会基于全球视角展开。如 DICE 模型、DEMETER、ENTICE、WIAGEM 和 E3METL 等（Nordhaus，1993；van der Zwaan et al.，2002；Popp，2004；Kemfert，2005；Duan et al.，2013；段宏波和范英，2017；段宏波和汪寿阳，2019；段宏波和汪寿阳，2024）。这种方法的优势是可以将全球气候变化反馈引入模型机制，以便更好地研究和评价气候政策的应对效果。但是无法在更细致层面考察并研究某一特定地区的气候政策对于本地区的经济影响，即便是部分全球多区域模型可以细至对各地区的经济发展、能源技术演变和气候影响进行研究，但仍然不能更有针对性地对特定地区进行分析研究，尤其是像我国，我国作为最大的发展中国家，也是碳排放最大的国家，其气候政策的实施对全球气候变化应对措施具有较为显著的影响。因此，引入并构建中国综合评估模型以更好地评估和研究我国气候政策对于本地区的经济影响是本章建模中所需重点考虑的问题。

2.2　DEMETER-China 的构建

DEMETER-China 是基于全球综合评估模型 DEMETER 进行单国化改造而来的。DEMETER 是一个全球最优经济增长模型，由 van der Zwaan 等（2002）基于 GAMS 软件开发，研究内生能源技术、气候政策对于全球经济-能源-环境（economy-energy-environment）系统的影响，先后多次运用于全球气候变化研究（van der Zwaan et al.，2002；Gerlagh et al.，2004；Gerlagh and van der Zwaan，2003，2004，2006；van der Zwaan and Gerlagh，2009；Sachs，2015）。DEMETER 主要包括四个子模块：经济模块、能源技术模块、碳排放模块和气候损失模块。其中，本模型不考虑区域间的交互关系，并且将全球视为一个部门。DEMETER- China 模型主要包括三部分的特点：首先，该模型在长时间维度上体现我国经济、人口、能源使用和碳排放等动态特性以及当前与未来的代际间效用分配，其中，在刻画能源技术变化时，我们不仅仅考虑 LBD 学习曲线的知识累积，而且通过研发的知识累积刻画 LBS 学习曲线的演变过程；其次，利用模型中的碳循环模块模拟全球碳浓度的变化，以此计算全球平均温度的上升；最后，在全球层面合理度量我国气候损失水平，不仅仅考虑气候变化所带来的市场损失，而且基于支付意愿方程评估非市场损失。模型框架见图 2.1。

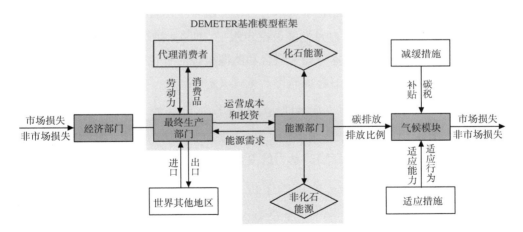

图 2.1　DEMETER-China 结构框图

2.2.1　目标函数

DEMETER-China 假设社会福利最大化为模型优化目标。社会福利指的是模型假设存在的一个虚拟中央计划人的累积效用，并假设其负责安排生产要素调配和经济生产，主要通过去除气候反馈的人均消费来体现。通常来说，模型里所刻画的消费不仅仅包括传统市场中对于商品和服务的消费，同时也包括非市场化体系中环境舒适度、文化认同以及休闲等带来的效用。同时，我们假设这一效用服从边际递减的规律，即当前消费的效用比未来消费的效用大，且未来消费效用的大小主要依赖于贴现率的设置。具体的目标函数形式如方程（2.1）所示：

$$W = \sum_{t=1}^{\infty} (1+\rho)^{-t} L_t \ln\left((C_t - D_t)/L_t\right) \tag{2.1}$$

其中，W 表示社会福利水平；ρ 表示贴现率；C_t 表示第 t 期的消费水平；D_t 表示气候损失水平（详见 2.2.5 节）；L_t 表示第 t 期的人口数量；t 表示时间。

2.2.2　经济模块

作为经济生产过程中的重要生产要素，能源提供主要的生产原料。在 DEMETER-China 中，本节以资本劳动力和能源投入的 CES 复合形式刻画生产过程。

$$\tilde{Y}_t = \left(\left(A_t^1 \tilde{Z}_t\right)^{(\gamma-1)/\gamma} + \left(A_t^2 \tilde{E}_t\right)^{(\gamma-1)/\gamma}\right)^{\gamma/(\gamma-1)} \tag{2.2}$$

其中，$\tilde{Y}_t$ 表示第 t 期的新增产出；$\tilde{Z}_t$ 表示第 t 期新增资本劳动力组合；$\tilde{E}_t$ 表示第 t 期的新增能源使用组合；A_t^1 表示资本与劳动力组合中的技术进步水平，即全要素生产率；A_t^2 表示能源技术自发性能效进步水平，即包括所有非价格因素所导致的能源效率改进；γ 表示资本劳动力组合和能源组合的替代弹性。总产出由本期新增产出和上一期总产出折旧叠加而得，见式（2.3）：

$$Y_t = (1-\delta)Y_{t-1} + \tilde{Y}_t \tag{2.3}$$

其中，Y_t 表示第 t 期的总产出；Y_{t-1} 表示第 t–1 期的总产出；δ 表示折旧率。新增资本劳动组合为新增资本和新增劳动力的复合形式，见式（2.4）：

$$\tilde{Z}_t = \left(I_{t-1}^{\mathrm{C}}\right)^{\alpha} \left(\tilde{L}_t\right)^{1-\alpha} \tag{2.4}$$

其中，I_{t-1}^{C} 表示新增资本，即为前一期的投资 $\tilde{K}_t^j = I_{t-1}^j$，$I_{t-1}^j$ 表示第 t–1 期第 j 种能源技术的能源消费；α 表示新增资本劳动力组合复合参数；$\tilde{L}_t$ 表示第 t 期的新增劳动力人口。此外，在利用全球模型研究气候问题时，通常将全球贸易作为闭环处理，即净出口为零。但是，对于单国问题研究，此类处理并不适用。因此，在 DEMETER-China 中，通过假设进、出口占国内生产总值的上、下限系数（Zhu et al.，2015）将中国进口、出口变量纳入经济模块。

$$\text{EXP}_t \geqslant r_{\text{EXP}} \cdot \text{GDP}_t \qquad (2.5)$$

$$\text{IMP}_t \geqslant r_{\text{IMP}} \cdot \text{GDP}_t \qquad (2.6)$$

其中，EXP_t 表示第 t 期出口；IMP_t 表示第 t 期进口；r_{EXP} 和 r_{IMP} 分别表示进、出口占国内生产总值的上、下限系数；GDP_t 表示为第 t 期国内生产总值。国内生产总值分配方程（支出法）如下：

$$\text{GDP}_t = C_t + I_t^C + \sum_k \text{ARD}_t^k + \sum_j I_t^j + \text{EXP}_t - \text{IMP}_t \qquad (2.7)$$

其中，C_t 表示第 t 期消费水平；I_t^C 表示第 t 期资本投资；ARD_t^k 表示第 t 期第 k 种非化石能源技术的研发投资；I_t^j 表示为第 t 期第 j 种能源技术的能源投资。

2.2.3　能源技术模块

在 DEMETER 中，能源部门只考虑了化石能源、非化石能源和 CCS 技术演变对于全球经济能源系统的影响（Gerlagh and van der Zwaan，2006；van der Zwaan and Gerlagh，2009）。在研究区域问题时，这样的能源技术划分难以反映区域能源资源禀赋及消费特点。在 DEMETER-China 中，基于多层嵌套的 CES 生产函数形式，我们可以对能源模块的技术组合进行拓展。首先，能源组合为化石能源消费量和非化石能源消费量的 CES 复合形式，见式（2.8）：

$$\tilde{E}_t = \left(\left(\tilde{Y}_t^{\text{F}} \right)^{(\sigma_1-1)/\sigma_1} + \left(\tilde{Y}_t^{\text{N}} \right)^{(\sigma_1-1)/\sigma_1} \right)^{\sigma_1/(\sigma_1-1)} \qquad (2.8)$$

其中，$\tilde{Y}_t^{\text{F}}$ 表示第 t 期新增化石能源投入量；$\tilde{Y}_t^{\text{N}}$ 表示第 t 期新增非化石能源投入量；σ_1 表示化石能源投入量和非化石能源投入量之间的替代弹性。根据 van der Zwaan 等（2002）的研究，我们假设 $\tilde{Y}_t^{\text{F}}$ 和 $\tilde{Y}_t^{\text{N}}$ 之间具有较好的替代弹性，并将替代弹性设为 3，即 $\sigma_1 = 2/3$。

全球 DEMETER 对于能源的刻画仅含化石能源和非化石能源。尽管存在潜在的危害，核电仍然具有巨大的减排潜力。对于发展中国家，急需成本相对较低的无碳能源来缓解减排压力[①]。为进一步区分核电在无碳能源中的作用，我们将非化石能源细分为两类[②]：核能和其他可再生能源。

　　[①] 风电、太阳能和生物质能等其他可再生能源受到自身资源和开发技术的限制，通常存在价格较高、市场竞争力小、发电电流不稳定等特点。相比之下，核电具有发电成本较低、运行稳定等特点，因此，核电对于中国应对气候问题具有较大的发展潜力。

　　[②] 考虑到未来核能和其他可再生能源之间的可替代性，我们基于多层嵌套的 CES 生产函数形式，将非化石能源细分为核能和其他可再生能源的 CES 复合形式。

$$\tilde{Y}_t^{\mathrm{N}} = \left(\left(\tilde{Y}_t^{\mathrm{NUC}} \right)^{(\sigma_2 - 1)/\sigma_2} + \left(\tilde{Y}_t^{\mathrm{OTHERS}} \right)^{(\sigma_2 - 1)/\sigma_2} \right)^{\sigma_2/(\sigma_2 - 1)} \qquad (2.9)$$

其中，$\tilde{Y}_t^{\mathrm{NUC}}$ 表示第 t 期新增核能投入量；$\tilde{Y}_t^{\mathrm{OTHERS}}$ 表示第 t 期新增其他可再生能源投入量；σ_2 表示核能和其他可再生能源投入量之间的替代弹性。考虑到我国对于低碳技术的高度重视，在其他单国综合评估模型当中，如 CE3METL（Duan et al.，2014），核能和其他可再生能源技术之间的可替代弹性被假设为较高的水平。因此，我们在 DEMETER-China 当中，将核能和其他可再生能源技术之间的替代弹性设置为 10，即 $\sigma_2 = 0.9$。

$$Y_{j,t} = (1 - \delta) Y_{j,t-1} + \tilde{Y}_{j,t} \qquad (2.10)$$

其中，$Y_{j,t}$ 表示第 t 期第 j 种能源技术的投入量；$\tilde{Y}_{j,t}$ 表示第 t 期第 j 种能源技术的新增投入量；j 表示化石能源、核能、其他能源三种能源技术。之前部分研究在刻画中国能源技术演变时均基于 LBD 的单因素学习曲线刻画（Duan et al.，2014；Zhu et al.，2015），但是随着国内技术研发投入的持续增加，未来我国可能成为主要的技术领导者（Lewis，2007；Martinot，2010）。因此国内低碳能源技术的成本下降，不仅仅体现在装机容量的增加所引起的 LBD 学习效应，而且会受到基于研发投入增加的 LBS 学习效用的影响。在 DEMETER-China 中，我们将单因素学习曲线扩展为双因素学习曲线。其中，LBS 积累的知识存量（$\mathrm{XS}_{j,t}$）由研发投资刻画：

$$\mathrm{XS}_{j,t} = (1 - \delta_{\mathrm{LBS}})^{\mathrm{YPP}} \mathrm{XS}_{j,t-1} + \mathrm{ARD}_{j,t} \cdot \sum_{\tau=0}^{\mathrm{YPP-rdlag}-1} (1 - \delta_{\mathrm{LBS}})^{\tau}$$
$$+ (1 - \delta_{\mathrm{LBS}})^{\mathrm{YPP-rdlag}} \mathrm{ARD}_{j,t-1} \sum_{\tau=0}^{\mathrm{rdlag}-1} (1 - \delta_{\mathrm{LBS}})^{\tau} \qquad (2.11)$$

其中，$\mathrm{XS}_{j,t}$ 表示第 t 期第 j 种能源技术的 LBS 知识存量；$\mathrm{ARD}_{j,t}$ 表示第 t 期的研发投入；$\mathrm{ARD}_{j,t-1}$ 表示为第 t–1 期的研发投入；δ_{LBS} 表示为 LBS 的折旧率；rdlag 表示滞后期；YPP 表示每期间隔年数；τ 表示每期间年数。对于两类非化石能源的研发投资，本书假设决策者根据不同能源品种的使用总成本分配各自研发投资份额。

$$\mathrm{ARD}_{\mathrm{NUC},t} / \mathrm{ARD}_{\mathrm{OTHERS},t} = \left(p_{\mathrm{NUC},t} \cdot Y_t^{\mathrm{NUC}} \right) \big/ \left(p_{\mathrm{OTHERS},t} \cdot Y_t^{\mathrm{OTHERS}} \right) \qquad (2.12)$$

其中，$\mathrm{ARD}_{\mathrm{NUC},t}$ 和 $\mathrm{ARD}_{\mathrm{OTHERS},t}$ 分别表示第 t 期核能和其他可再生能源的研发投入；$p_{\mathrm{NUC},t}$ 和 $p_{\mathrm{OTHERS},t}$ 分别表示第 t 期核能和其他可再生能源的价格；Y_t^{NUC} 表示第 t 期核能投入量；Y_t^{OTHERS} 表示第 t 期其他能源投入量。初始期的 LBS 知识存量由第 j 种能源技术研发资本存量（dknow_j）和 t_0 –1 期的年研发投资（ARD_{i,t_0-1}）决定。

$$XS_{j,t_0} = \left(1-\delta_{LBS}\right)^{YPP} dknow_j + ARD_{j,t_0} \cdot \sum_{\tau=0}^{YPP-rdlag-1} \left(1-\delta_{LBS}\right)^{\tau}$$

$$+\left(1-\delta_{LBS}\right)^{YPP-rdlag} ARD_{j,t_0-1} \sum_{\tau=0}^{rdlag-1} \left(1-\delta_{LBS}\right)^{\tau} \tag{2.13}$$

其中，$dknow_j$ 表示第 j 种能源技术的研发资本存量。在本模型中，研发投资选择由研发开支的财政预算（GRD_t）限定（Barreto and Kypreos，2004）。

$$GRD_t \geqslant \sum_j ARD_{j,t} \tag{2.14}$$

然而，财政预算（GRD_t）与当期国内生产总值呈现以下不等关系，其中 s_{max} 表示当期国内生产总值上浮系数，即

$$s_{max} GDP_t \geqslant GRD_t \geqslant \sum_j ARD_{j,t} \tag{2.15}$$

由于存在 LBS 的知识累积和学习效用，相关能源部门的生产成本会受到影响，并呈现下降趋势，且该下降趋势的快慢取决于 LBS 的学习率 $d_{j,LBS}$，本书引入规模方程 $g_{j,TFLC}(X) \to [1,\infty)$，来量化能源技术进步。

$$g_{j,TFLC}\left(XD_{j,t}\right) = c_{j,1}\left(1-d_{j,LBD}\right)\left(XD_t\right)^{-d_{j,LBD}} \left(\frac{XS_{j,t_0}}{XS_{j,t}}\right)^{d_{j,LBS}} + 1 \tag{2.16}$$

其中，$XD_{j,t}$ 表示第 t 期第 j 种能源技术的 LBD 知识存量。非化石能源技术单位产出的投资因子 $h_{j,t}$，为长期生产水平（a_∞^k 和 b_∞^k）与相应技术变量（a_t^k 和 b_t^k）的比值：

$$h_{j,t} = \int_{XD_{j,t}}^{XD_{j,t+1}} g_{j,TFLC}\left(X\right)dx / \left(XD_{j,t+1} - XD_{j,t}\right) \tag{2.17}$$

2.2.4　碳排放模块

模型在评价单区域或者国家的气候政策时，很难将其避免气候损失所导致的潜在收益考虑至评价体系中。这是因为气候变化所产生的损失与全球碳浓度有关。然而，此类气候收益对于评估气候政策的减排表现具有非常重要的作用。因此，我们利用我国和世界其他地区碳排放比来刻画世界其他地区的碳排放，进而计算全球碳排放。区域内核算的排放假设为化石能源燃烧所导致的排放：

$$\widetilde{Em}_t^{domestic} = \varepsilon_t^F \tilde{Y}_t^F \tag{2.18}$$

其中，$\widetilde{Em}_t^{domestic}$ 表示国内新增碳排放；$\tilde{Y}_t^F$ 表示化石能源消费量；ε_t^F 表示化石能源的碳排放因子。

全球 CO_2 存量的上升会引发温室效应。因此，在全球 DEMETER 单国化中，单国与全球 CO_2 排放关系的设定十分重要。

$$\widetilde{Em}_t^{\text{ROW}} = \Theta_t \widetilde{Em}_t^{\text{domestic}} \tag{2.19}$$

其中，$\widetilde{Em}_t^{\text{ROW}}$ 表示世界其他地区新增碳排放；本书假设国内排放水平和世界其他地区排放水平的差距由世界其他地区 CO_2 新增排放量与国内 CO_2 新增排放量的比例（Θ_t）决定的。

$$\widetilde{Em}_t = \widetilde{Em}_t^{\text{domestic}} + \widetilde{Em}_t^{\text{ROW}} \tag{2.20}$$

其中，$\widetilde{Em}_t$ 表示全球新增碳排放。基于 Nordhaus 和 Boyer（2000）的研究，建立大气层、浅海层、深海层碳循环模块，每期 CO_2 排放会引起大气层、浅海层和深海层的 CO_2 浓度上升。

$$Em_t = (1-\eta)Em_{t-1} + \widetilde{Em}_t \tag{2.21}$$

$$ATM_{t+1} = TR_{\text{atm}}^{\text{atm}}ATM_t + TR_{\text{ul}}^{\text{atm}}UL_t + Em_t + \overline{Em_t} \tag{2.22}$$

$$UL_{t+1} = TR_{\text{atm}}^{\text{ul}}ATM_t + TR_{\text{ul}}^{\text{ul}}UL_t + TR_{\text{ll}}^{\text{ul}}LL_t \tag{2.23}$$

其中，Em_t 表示第 t 期全球碳排放量；Em_{t-1} 表示第 $t-1$ 期全球碳排放量；ATM_{t+1} 表示第 $t+1$ 期大气层碳浓度；$TR_{\text{atm}}^{\text{atm}}$ 表示大气层碳浓度转换系数；$TR_{\text{ul}}^{\text{atm}}$ 表示浅层至大气层碳浓度转换系数；$\overline{Em_t}$ 表示第 t 期碳排放的平衡系数；UL_{t+1} 表示第 $t+1$ 期浅层碳浓度；$TR_{\text{ul}}^{\text{ul}}$ 表示浅层碳浓度转换系数；$TR_{\text{ll}}^{\text{ul}}$ 表示浅层至深层海洋层碳浓度转换系数。

$$LL_{t+1} = TR_{\text{ul}}^{\text{ll}}UL_t + TR_{\text{ll}}^{\text{ll}}LL_t + TR_{\text{ll}}^{\text{ul}}LL_t \tag{2.24}$$

$$F_t = 4.1^2 \ln\left(ATM_t / ATM_0\right) + EXOFORC_t \tag{2.25}$$

$$TEMP_{t+1} = TEMP_t + \delta^T\left(\frac{F_t}{4.1}\right)\left(\overline{T} - TEMP_t\right) + TR_{\text{TEMP}}^{\text{TLOW}}\left(TEMP_t - TLOW_t\right) \tag{2.26}$$

$$TLOW_{t+1} = TLOW_t + CA_{\text{TLOW}}^{\text{TEMP}} TR_{\text{TEMP}}^{\text{TLOW}}\left(TEMP_t - TLOW_t\right) \tag{2.27}$$

其中，ATM_t 表示大气层碳浓度；UL_t 和 LL_t 分别表示浅层和深层海洋层碳浓度；$TR_{\text{ll}}^{\text{ul}}$ 表示深层至浅层海洋层碳浓度转换系数；F_t 表示辐射强度；$EXOFORC_t$ 表示外生辐射强度参数；$TEMP_t$ 表示相比工业革命前全球平均温度上升；$TLOW_t$ 表示海洋温度上升；$TEMP_{t+1}$ 表示第 $t+1$ 期相比工业革命前全球平均温度上升；$\overline{T}$ 表示全球平均温度转换参数；$TR_{\text{TEMP}}^{\text{TLOW}}$ 表示全球平均温度和海洋温度转换系数；

TLOW_{t+1} 表示第 $t+1$ 期海洋温度上升；$\text{CA}_{\text{TLOW}}^{\text{TEMP}}$ 表示海洋温度和全球平均温度转换修正系数。

2.2.5　气候损失模块

基于 MERGE 中关于气候损失的量化模块，我们将损失分为两部分：市场损失和非市场损失。

$$\text{MD}_t = d_1 \cdot \text{TEMP}_t^{d_2} \tag{2.28}$$

其中，MD_t 表示第 t 期市场损失因子；d_1 和 d_2 分别表示市场损失方程的参数。本书基于支付意愿来刻画非市场损失系数（WTP_t），即意愿避免生态损失的支付费用和国内生产总值的比例。该方程由温度变化和人均 GDP 决定：

$$\text{WTP}_t = d_3 \cdot \text{TEMP}_t^{d_4} / \left(1 + 100 \cdot \exp\left(-0.23 \cdot \text{GDP}_t / L_t\right)\right) \tag{2.29}$$

其中，WTP_t 表示第 t 期对于非市场损失的支付意愿因子，用于衡量非市场损失程度；d_3 和 d_4 分别表示非市场损失方程的参数。我们假设支付意愿与人均国内生产总值之间的关系呈 "S" 形曲线，且该种形式保证支付意愿不会超过国内生产总值（Manne et al.，1995）。这是因为，在低收入国家，人们将不会对避免生态破坏支付足够的费用。随着收入的增加，人们的支付意愿会增加，最后稳定至一定的支付水平。当参数 $d_3 = 0.0032$，$d_4 = 2$ 时，意味着在人均收入为 40 000 美元（1990 年水平）的地区，消费者将会愿意支付国内生产总值的 2% 来避免 2.5℃的温度上升。根据方程（2.29），地区的生态损失价值由本地区产生的损失计算而来。也就是说，在该种假设下，地区消费者的支付意愿与本地区的湿地损失、人类健康和物种损失等的价值相等。因此，部门遭受的两类气候损失分别为市场损失因子（MD_t）和非市场损失系数（WTP_t）与部门产出（Y_t）的乘积：

$$D_t = \left(\text{MD}_t + \text{WTP}_t\right) \cdot Y_t \tag{2.30}$$

$$Y_t = \text{GDP}_t + D_t + \sum_k M_t^k \tag{2.31}$$

其中，D_t 表示气候损失水平；M_t^k 表示第 k 种能源技术的运营成本。

2.3　WITCH-China 模型的构建

本节将基于 Bosetti 等（2006）建立的 WITCH 模型构建全球-中国多区域综合评估模型，即 WITCH-China 模型，并以此研究本章提出的相关问题。本节建立的 WITCH-China 模型将延续综合评估模型的传统结构特征，主要表现在：①经济模块，基于跨期最优经济增长模型构建。②能源技术模块，将多种能源技术以 CES 形式组合，并通过在生产函数引入能源投入实现与经济模块的强连接。此外，为了更好地刻画能源技术的内生技术进步机制，我们不仅仅考虑 LBD 和 LBS 学习曲线，还考虑能效提升的知识累积和地区间知识溢出带来的技术进步。③气候模块，基于传统碳循环模块建立全球温室气体浓度上升所引发的全球平均温度上升机制，并对全球气候损失进行量化分析和评估。

此外，为了进一步考察全球各地区和我国地区间的差异性，我们将模型所涉及的区域进一步细分。全球分为 11 个非中国区域，3 个中国区域：中国东部地区（China-east）、中国中部地区（China-central）和中国西部地区（China-west）。区域的详细划分介绍详见表 2.1。

表 2.1　各区域详细划分介绍

区域标识	具体国家或者地区
China-east	北京市、天津市、河北省、辽宁省、上海市、江苏省、浙江省、福建省、山东省、广东省、海南省
China-central	山西省、吉林省、黑龙江省、安徽省、江西省、河南省、湖北省、湖南省
China-west	内蒙古自治区、广西壮族自治区、重庆市、四川省、贵州省、云南省、陕西省、甘肃省、青海省、宁夏回族自治区、新疆维吾尔自治区

资料来源：Bosetti 等（2006）；国家统计局（2015）；各区域划分参考的文献是彭盼等（2018）；由于数据缺失原因，本模型不包括西藏自治区、香港特别行政区、澳门特别行政区、台湾省的数据

2.3.1　目标函数

在 WITCH-China 模型中，假设每个地区均存在一个虚拟中央计划人，负责最大化该地区的累积效用。这里，我们假设累积效用主要由人均消费来表示。由此，每个地区的目标函数可以表示为式（2.32）：

$$W_n = \sum_t L_{n,t} \cdot \frac{\left(\dfrac{C_{n,t}}{L_{n,t}}\right)^{1-\eta}-1}{1-\eta} \beta^t \qquad (2.32)$$

其中，W_n 表示第 n 个地区的累积效用；$L_{n,t}$ 表示第 n 个地区第 t 期的人口；$C_{n,t}$ 表示第 n 个地区第 t 期的消费水平；η 表示相对风险厌恶程度；β^t 表示纯时间偏好贴现因子，并且满足 $\beta^t = (1+\rho)^{\Delta_t}$，$\rho$ 为贴现率，Δ_t 等于 5，n 和 t 分别表示地区和时间。

2.3.2　经济模块

由 2.3.1 节可知，各地区的效用函数主要是由地区人均消费水平来衡量的。在 WITCH-China 模型中，总消费由社会净总产出与各类投资和运营成本的差值计算得到。具体表达见式（2.33）：

$$C_{n,t} = Y_{n,t} - I_{n,t}^{\mathrm{FG}} - \sum_j \left(I_{j,n,t}^{\mathrm{RD}} + I_{j,n,t} + \left(\mathrm{oem}_{j,n,t} \cdot K_{j,n,t} \right) \right)$$

$$- \sum_f \left(I_{f,n,t}^{\mathrm{OUT}} + \left(\mathrm{oem\_exf} \cdot Q_{f,n,t}^{\mathrm{OUT}} \right) \right) - I_{n,t}^{\mathrm{GRID}} - I_{n,t}^{\mathrm{PRADA}} - I_{n,t}^{\mathrm{SCAP}} - I_{n,t}^{\mathrm{RADA}} \tag{2.33}$$

其中，$Y_{n,t}$ 表示社会净总产出；$I_{n,t}^{\mathrm{FG}}$ 表示最终产品投资；$I_{j,n,t}^{\mathrm{RD}}$ 表示第 j 种能源技术的研发投入；$I_{j,n,t}$ 表示第 j 种能源技术的能源投资；$\mathrm{oem}_{j,n,t}$ 表示第 j 种能源技术的单位运营成本；$K_{j,n,t}$ 表示第 j 种能源技术的装机容量；$I_{f,n,t}^{\mathrm{OUT}}$ 表示第 f 种化石能源开采部门投资；$\mathrm{oem\_exf}$ 表示化石能源开采的单位成本；$Q_{f,n,t}^{\mathrm{OUT}}$ 表示第 f 种化石能源的开采量；$I_{n,t}^{\mathrm{GRID}}$ 表示对电网基础设施的投资；$I_{n,t}^{\mathrm{PRADA}}$、$I_{n,t}^{\mathrm{SCAP}}$ 和 $I_{n,t}^{\mathrm{RADA}}$ 表示适应类措施投资。

此外，WITCH-China 模型中的经济生产方程由劳动力、资本、能源要素投入组成，见式（2.34）：

$$Y_{n,t} = \frac{\mathrm{tfp0}_n \left(\alpha_n \left(\mathrm{tfpy}_{n,t} K_{n,t}^{\mathrm{FG}\,\beta_n} L_{n,t}^{(1-\beta_n)} \right)^\rho + (1-\alpha_n) \mathrm{ES}_{n,t}^{\,\rho} \right)^{\frac{1}{\rho}}}{\Omega_{n,t}}$$

$$- \sum_f C_{f,n,t} - \sum_{\mathrm{ghg}} C_{\mathrm{ghg},n,t} \tag{2.34}$$

其中，$K_{n,t}^{\mathrm{FG}}$ 表示最终产品的资本存量；$\mathrm{ES}_{n,t}$ 表示经济生产的能源投入；$L_{n,t}$ 表示劳动力；$\Omega_{n,t}$ 表示气候反馈系数；$C_{f,n,t}$ 表示第 f 种化石能源使用成本；ghg 表示温度气体类型；$C_{\mathrm{ghg},n,t}$ 表示温室气体排放成本；$\mathrm{tfp0}_n$ 表示用于校准初期 GDP 水平的参数；α_n 和 ρ 分别表示 CES 生产函数的参数，其中 $\rho = \dfrac{1-\zeta}{\zeta}$，$\zeta$ 表示资本劳动力和能源投入要素之间的替代弹性；β_n 为柯布-道格拉斯（Cobb-Douglas）生产函数的参数；$\mathrm{tfpy}_{n,t}$ 表示全要素生产率。

最终产品的资本累积遵循折旧叠加的原则，见式（2.35）：

$$K_{n,t+1}^{\mathrm{FG}} = K_{n,t}^{\mathrm{FG}} \cdot \left(1 - \delta_{\mathrm{FG}} \right)^{\varDelta_t} + \varDelta_t \cdot I_{n,t}^{\mathrm{FG}} \tag{2.35}$$

其中，δ_{FG} 表示年折旧率；$I_{n,t}^{\mathrm{FG}}$ 表示最终产品的投资；$K_{n,t+1}^{\mathrm{FG}}$ 表示第 t+1 期最终产

品的资本存量。

2.3.3　能源技术模块

在 WITCH-China 模型中的能源要素投入（$\mathrm{ES}_{n,t}$）由实际能源投入和能效进步的知识存量复合而成，见式（2.36）：

$$\mathrm{ES}_{n,t} = \phi_n^{\mathrm{ES}}\left(\alpha_n^{\mathrm{ES}}\mathrm{RDEN}_{n,t}^{\rho_{\mathrm{ES}}} + \left(1-\alpha_n^{\mathrm{ES}}\right)\mathrm{tfpn}_{n,t}\mathrm{EN}_{n,t}^{\rho_{\mathrm{ES}}}\right)^{\frac{1}{\rho_{\mathrm{ES}}}} \qquad (2.36)$$

其中，α_n^{ES}、ϕ_n^{ES}、ρ_{ES} 表示 CES 方程的参数，分别根据第 n 个地区基年的数据估算得到；$\mathrm{tfpn}_{n,t}$ 表示能源的要素生产率；$\mathrm{RDEN}_{n,t}$ 表示能效进步的知识存量；$\mathrm{EN}_{n,t}$ 表示实际能源投入。实际能源投入由电力和非电力能源投入复合而成，见式（2.37）：

$$\mathrm{EN}_{n,t} = \left(\alpha_n^{\mathrm{EN}}\mathrm{EL}_{n,t}^{\rho_{\mathrm{EN}}} + \left(1-\alpha_n^{\mathrm{EN}}\right)\mathrm{NEL}_{n,t}^{\rho_{\mathrm{EN}}}\right)^{\frac{1}{\rho_{\mathrm{EN}}}} \qquad (2.37)$$

其中，$\mathrm{EL}_{n,t}$ 表示电力能源投入；$\mathrm{NEL}_{n,t}$ 表示非电力能源投入；α_n^{EN} 和 ρ_{EN} 分别表示实际能源投入 CES 方程的参数。图 2.2 展示了具体能源技术的 CES 复合形式。

如图 2.2 所示，实际能源投入（EN）分为电力能源投入（EL）和非电力能源投入（NEL）。非电力能源投入包含生物质能投入（TradBiom）、煤炭投入（COALnel）、天然气-石油-生物质投入（OGB）。天然气-石油-生物质投入包括天然气投入（GASnel）、石油综合投入（OIL&BACK）、生物质投入（Trad Bio），石油综合投入包括石油一次投入（OILnel）和石油循环投入（BACKnel）。

电力能源投入中包含非核能发电（ELFFREN）和核能发电（ELNUKE&BACK）。基于化石能源的电力主要包含：天然气发电（ELGAS）、煤炭发电（ELCOALBIO）以及石油发电（ELOIL），其中天然气发电分为装备碳捕获与封存技术（ELGASCCS）和普通天然气发电（ELGASTR），基于煤炭发电则包括煤粉发电（EPC）和整体煤气化联合循环发电（ELIGCC）系统（integrated gasification combined cycle, IGCC）。基于非化石能源的电力投入主要包括：水电（ELHYDRO）、核能（ELNUKE&BACK）、太阳能发电（ELCSP、ELPV）和风电（ELWIND、WINDON、WINDOFF）等。此外，参考基准 WITCH 模型的设置（Bosetti et al.，2006），本模型除了考虑 LBD 和 LBS 学习曲线引导的技术进步，还刻画了能效提升的知识累积和地区间知识溢出效应带来的技术进步。

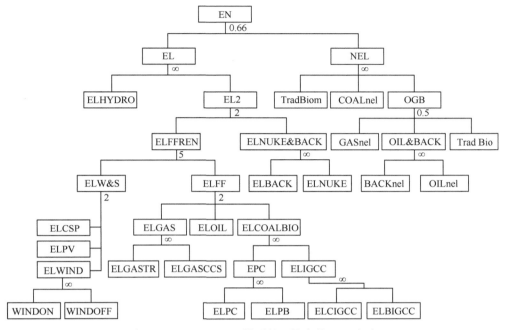

图 2.2　WITCH-China 模型能源技术的 CES 复合

EL2 表示除水电外的电力投入；　ELNUKE 表示不含防止放射性物质泄漏装置的核电；ELBACK 表示含防止放射性物质泄漏装置的核电；ELW&S 表示风光能源投入；ELFF 表示化石能源发电量；ELPC 表示粉煤发电；ELPB表示生物质发电；ELCIGCC 表示含 CCS 装置的燃煤发电；ELBIGCC 表示含 CCS 装置的生物质发电

2.3.4　气候模块

每个地区由化石能源燃烧产生的 CO_2 排放满足式（2.38）、式（2.39）：

$$\text{emi}_{n,t}^{CO_2} = \sum_f \omega_{f,CO_2} X_{f,n,t} - \text{CCS}_{n,t} \tag{2.38}$$

$$\text{WE}_t^{CO_2} = \sum_n \frac{\text{emi}_{n,t}^{CO_2}}{\text{wemi2qemi}_{CO_2}} \tag{2.39}$$

其中，$\text{emi}_{n,t}^{CO_2}$ 表示第 n 个地区第 t 期的化石能源燃烧产生的 CO_2 排放量；ω_{f,CO_2} 表示第 f 种化石能源的碳排放因子；$X_{f,n,t}$ 表示第 f 种化石能源的使用量；$\text{CCS}_{n,t}$ 表示碳捕获与封存的 CO_2 排放量；$\text{WE}_t^{CO_2}$ 表示全球 CO_2 排放导致的碳排放；wemi2qemi_{CO_2} 表示 CO_2 排放的碳排放转换因子。除了考虑 CO_2 排放，WITCH-China 模型估算了其他温室气体的边际减排成本曲线，并将其考虑至本模型的温室气体排放，具体包括：CH_4 和 N_2O。

WITCH-China 模型中的气候模块由三层碳循环系统构建，碳循环方程见式（2.40）~式（2.42）：

$$M_{a,t+1} = A_{a,a} \times M_{a,t} + A_{u,a} \times M_{u,t} + \Delta_t WE_t^{CO_2} \qquad (2.40)$$

$$M_{u,t+1} = A_{a,u} \times M_{a,t} + A_{u,u} \times M_{u,t} + A_{l,u} \times M_{l,t} \qquad (2.41)$$

$$M_{l,t+1} = A_{u,l} \times M_{u,t} + A_{a,l} \times M_{a,t} \qquad (2.42)$$

其中，$M_{a,t+1}$ 表示第 $t+1$ 期大气层碳浓度；$A_{a,a}$ 表示大气层碳浓度转换因子；$A_{u,a}$ 表示浅海层至大气层碳浓度转换因子；Δ_t 取 5；$M_{u,t+1}$ 表示第 $t+1$ 期浅海层碳浓度；$A_{a,u}$ 表示大气层至浅海层碳浓度转换因子；$A_{u,u}$ 表示浅海层碳浓度转换因子；$M_{l,t+1}$ 表示第 $t+1$ 期深海层碳浓度；$A_{u,l}$ 表示浅海层至深海层碳浓度转换因子；$A_{a,l}$ 表示大气层至深海层碳浓度转换因子；$M_{a,t}$ 表示第 t 期大气层碳浓度；$A_{l,u}$ 表示深层至浅层海层碳浓度转换因子；$M_{a,t}$、$M_{u,t}$ 和 $M_{l,t}$ 分别表示大气层、浅海层和深海层碳浓度；A 表示三类碳循环层之间的转换因子，且满足式（2.43）：

$$A = \begin{pmatrix} 0.88 & 0.04704 & \\ 0.12 & 0.94796 & 0.00075 \\ & 0.0050 & 0.99925 \end{pmatrix} \qquad (2.43)$$

此外，CH_4 和 N_2O 在大气层中的浓度见式（2.44）：

$$M_{oghg,atm,t+1} = d_{1,oghg}^{\Delta_t} \times M_{oghg,atm,t} + d_{2,oghg} \times \frac{1}{2}\left(WE_t^{oghg} + WE_{t+1}^{oghg}\right) \\ + \left(1 - d_{1,oghg}^{\Delta_t}\right) \times \overline{stock}_{oghg} \qquad (2.44)$$

其中，$M_{oghg,atm,t}$ 表示第 oghg 种温室气体的大气层浓度；WE_t^{oghg} 表示第 oghg 种温室气体的排放量；$\overline{stock}_{oghg}$ 表示第 oghg 种温室气体的大气层初期存量；$d_{1,oghg}$ 和 $d_{2,oghg}$ 分别表示浓度计算方程的参数；oghg 表示 CH_4 和 N_2O。辐射强度的估算见式（2.45）~式（2.47）：

$$F_t = \sum_{ghg} RF_{ghg,t} + RF_{aerosols,t} \qquad (2.45)$$

$$RF_{CO_2,t} = \alpha \times \left(\ln\left(M_{CO_2,atm,t}\right) - \ln\left(M_{pre}\right)\right) \qquad (2.46)$$

$$RF_{CO_2,t} = inter \times fac \times \left(\sqrt{stm \times M_{oghg,t}} - \sqrt{stm \times M_{pre,oghg}}\right) \qquad (2.47)$$

其中，F_t 表示第 t 期总辐射强度；$RF_{ghg,t}$ 表示第 ghg 种温室气体的辐射强度；$RF_{aerosols,t}$ 表示大气层气溶胶的辐射强度，该变量由 MAGICC（model for assessment of greenhouse-gas induced climate change，温室气体引起气候变化的评估模型）外生给定；$RF_{CO_2,t}$ 表示第 t 期 CO_2 的辐射强度；M_{pre} 表示工业革命前 CO_2 的大气层浓度；$M_{pre,oghg}$ 表示第 oghg 种温室气体工业革命前的大气层浓度；inter、fac 和 stm 表示辐射强度估算方程的参数；$M_{CO_2,atm,t}$ 表示第 t 期的大气层 CO_2 浓度；α 表示大气层 CO_2 浓度和辐射强度的转换系数。全球平均温度变化见式（2.48）、式（2.49）：

$$T_{t+1} = T_t + \sigma_1 \times \left(F_t - \lambda \times T_t - \sigma_2 \times \left(T_t - T_t^o \right) \right) \qquad （2.48）$$

$$T_{t+1}^o = T_t^o + \sigma_{ho} \left(T_t - T_t^o \right) \qquad （2.49）$$

其中，T_t 表示相对工业革命前的全球大气层平均温度的变化量；σ_1 表示滞后参数；σ_2 表示大气层和海洋温度的转换率；T_t^o 表示相对工业革命前的全球海洋平均温度的变化量；λ 表示气候反馈参数，$\lambda = \dfrac{4.1}{s}$，s 表示气候敏感性系数；σ_{ho} 表示海洋层升温能力系数。

最后，WITCH-China 模型通过全球平均温度上升变量测算气候变化带来的经济影响，见式（2.50）、式（2.51）：

$$\Omega_{n,t} = 1 + \frac{\left(\omega_{1,n}^- T_t + \omega_{2,n}^- T_t^{\omega_{3,n}^-} + \omega_{4,n}^- \right)}{1 + Q_{n,t}^{ADA}} + \left(\omega_{1,n}^+ T_t + \omega_{2,n}^+ T_t^{\omega_{3,n}^+} + \omega_{4,n}^+ \right) \qquad （2.50）$$

$$Damages_{n,t} = \frac{1}{1 - \Omega_{n,t}} \qquad （2.51）$$

其中，$\Omega_{n,t}$ 表示全球平均温度上升的气候因子；$Damages_{n,t}$ 表示气候经济反馈因子；$Q_{n,t}^{ADA}$ 表示适应气候变化系数，用于反映适应行为对气候损失的作用，具体建模细节见 4.3 节；$\omega_{1,n}^-$、$\omega_{2,n}^-$、$\omega_{3,n}^-$ 和 $\omega_{4,n}^-$ 分别表示第 n 个地区气候负反馈参数；$\omega_{1,n}^+$、$\omega_{2,n}^+$、$\omega_{3,n}^+$ 和 $\omega_{4,n}^+$ 分别表示第 n 个地区气候正反馈参数。

2.4　模型运行与求解

DEMETER-China 是基于全球综合评估模型 DEMETER 进行单国化改造而来的。DEMETER 是一个全球跨期最优经济增长模型，由 van der Zwaan 等（2002）基于 GAMS 软件开发。WITCH-China 模型则是基于全球多区域综合评估模型 WITCH 模型拓展而得（Bosetti et al.，2006），将我国细分为东部、中部和西部地区。此外，模型利用 GAMS 软件内嵌的 CONOPT 算法以及对各关键变量设定适当的边界条件来优化得到最优解。这是因为 WITCH-China 模型在大多数情况下通过 CONOPT 算法只能得到局部解，所以，适当调整关键变量的边界条件有助于模型在可行域范围内寻找到局部最优解。此外，应该在适当情况下引入 BARON 求解器，以防 GAMS 软件内嵌的求解算法不足以得到模型的全局最优解。BARON 算法是专门用于求解非凸规划的求解器，它在求解混合整数规划、纯连续整数规划等方面具有独特的优势（Manne and Barreto，2004）。

　　在接下来的第 3 章、第 4 章以及第 5 章的 DEMETER-China 的应用中，模型始于 2010 年，模拟期为 2020~2100 年。在第 6 章关于 WITCH-China 模型的应用中，模型始于 2005 年，模拟期为 2010~2100 年，每 5 年为一期。

2.5　本　章　小　结

　　为了在长时间维度上研究全球温控和我国自主减排贡献目标下我国经济发展、能源使用以及碳排放路径的演化规律，同时基于成本-效果分析和成本-效益分析原则考察相关气候政策的减排效果，并权衡减缓和适应气候变化投资行为对避免气候损失的影响效果等问题，本书基于全球 DEMETER 构建同时包含我国经济、能源技术、碳排放以及气候损失评估四个模块的中国综合评估模型，即 DEMETER-China。DEMETER-China 主要包括三部分的特点：首先，该模型在长时间维度上体现我国经济、人口、能源使用和碳排放等动态特性以及当前与未来的代际间效用分配，其中，在刻画能源技术变化时，我们不仅仅考虑 LBD 学习曲线的知识累积，而且通过研发的知识累积刻画 LBS 学习曲线的演变过程；其次，利用中国和世界其他地区碳排放比路径的估计、模型中的碳循环模块计算并分析全球碳浓度的变化，以此计算全球平均温度的上升；最后，在全球层面合理度量我国气候损失水平，不仅仅考虑气候变化所带来的市场损失，而且基于支付意愿方程评估非市场损失。此外，本章基于全球多区域综合评估模型 WITCH 模型建立全球-中国多区域 WITCH-China 模型，根据地区经济发展和资源禀赋的差异性，将我国地区划分至东、中、西三部分，以研究在全球温控目标下我国不同地区的能源技术演化和碳排放路径的变化规律，同时对比我国和世界其他地区的宏观经济水平受到气候变化影响的差异性。

第3章 中国气候政策的减排表现评估

我国作为全球人口最多的国家，同时也是最大的发展中国家、温室气体排放大国，遭受的气候损失可能处于较高的水平，因此我国所采取的应对气候变化的相关政策对于全球应对气候变化问题具有十分显著的影响。由于温室效应的全球性，传统综合评估模型难以在考虑全球减排目标协调性的背景下，评价区域减排政策的成本与收益。本章基于第2章构建的中国综合评估模型，即 DEMETER-China，通过设定单国和全球排放比关系，将区域气候损失纳入考虑，并建立相关评价指标体系，对我国固定碳税政策、动态碳税政策以及碳税和可再生能源补贴组合政策进行成本-效果分析、成本-效益分析。此外，本章还考察了我国和世界其他地区协同合作减排的不确定性对于我国气候政策减排表现的影响，以及不同气候政策依托能耗降低、核电对传统化石能源的替代以及其他可再生能源对传统化石能源的替代作用的差异性。

3.1 问题的提出

为应对气候变化，各国纷纷采取相应减排政策来控制国内的温室气体排放。减排政策的实施具有两面性，一方面，减排政策会通过赋予价格的方式（碳税、化石能源消费税等）将排放和化石能源消费的外部性影响内部化，短期内会导致能源部门供能成本提高，抑制能源投入的供给量，提高经济部门生产成本并降低产出，增加经济发展的负担。同时为实现能源供给的低碳化，非化石能源部门需要大量的投资以促进其技术进步，这会抑制居民消费。另一方面，减排政策的实施会降低气候变化带来的损失，进而产生潜在获益。控制温室气体排放是一个长期动态的过程，在给定温控目标下，不同的减排政策对于排放控制在时间尺度上的效果各不相同，具体表现在减排路径、成本、获益轨迹的差别。如何对不同减排政策的表现进行合理的评价，是决策者在制定减排政策时十分关心的问题。

对于减排政策表现的评价一般包括两个方面：①成本-效果分析。此类研究将成本最小化作为优化目标，根据减排政策的宏观经济成本（或称为消费损失）来选择最优政策工具。这里的经济成本主要指气候政策实施所带来的消费损失、GDP

损失、能源成本上升和能源投资上升等。②成本-效益分析。此类研究在社会福利最大化目标和浓度限制目标下，除了考虑减排政策的经济成本，还对其潜在获益进行评估，并将其货币化，综合评价这些减排政策的表现。对于我国这样具有较大碳排放量的国家，同时作为最大的发展中国家，其气候政策的实施不仅会带来较大的宏观成本，同时通过降低气候损失而产生的收益也非常可观。我国气候政策的实施不但影响本国可持续发展目标的实现，同时也直接影响全球应对气候变化的行动效果。因此，建立包含区域特征的单国模型，从成本和获益的角度对单国减排政策进行合理评价十分重要。

那么，在全球碳浓度控制目标下，我国的各种气候政策对于气候损失避免和经济发展将产生什么样的影响？各类气候政策的成本-效果分析和成本-效益分析之间区别到底有多大？我国和世界其他地区协同合作减排的不确定性对于我国气候政策减排表现的评价将产生多大的影响？不同气候政策依托能耗降低、核电对传统化石能源的替代以及其他可再生能源对传统化石能源的替代作用会呈现怎样的差异？这些都是本章需要研究和解决的问题。

3.2　评价指标的构建

目前，对于我国气候政策的成本、获益研究较少。例如，Wen 和 Chen（2008）将 CO_2 带来的环境损失纳入我国经济发展过程的成本、获益核算中，以此分析 1980~2002 年我国经济发展的可持续性。Vennemo 等（2009）将宏观经济成本和环境协同效益分别定义为减排政策的成本和获益，对比分析排放强度上限、排放上限及部分部门排放强度上限三类中国减排政策的净获益，发现排放强度上限目标具有较大的环境协同效益，在排放强度下降 15% 的限制目标下，净获益最大。对于这些研究，虽然环境污染物和温室气体减排政策之间具有很强的协同效应（Mundial，2007；Aunan et al.，2004，2007；汪寿阳等，2018；卢全莹和汪寿阳，2021；鲍勤和汪寿阳，2020），但温室气体减排政策的潜在获益主要还是体现在气候损失的降低。而且，他们对政策减排表现的评估尚不全面，对于成本-效果分析和成本-效益分析的指标选取不够完善。此外，除了成本-效果分析和成本-效益分析，减排选项在不同政策下的贡献也存在一定的差异，这些研究在评价减排政策的表现时，忽视了这一因素。因此，为了更加全面评价我国减排政策的表现，我们定义三类指标：成本-效果分析指标、成本-效益分析指标和技术减排贡献指标。

很多研究会利用政策实施后的经济损失或者成本上升来刻画其成本-效果分析（Maddison，1995；Manne et al.，1995；Gerlagh et al.，2004；Gerlagh and van der

Zwaan，2006），但他们往往仅从单一的成本指标[①]进行评价，难以全面反映政策的成本有效性。一般来说，气候政策实施后会导致四类经济指标受到冲击：GDP、居民消费、能源成本和能源投资[②]。因此，我们将 GDP 损失、消费损失、能源成本上升和能源投资上升分别定义为减排政策的四类成本-效果分析指标。对于成本-效益分析，通常利用成本收益比[③]对相应政策工具进行评价（Nordhaus and Boyer，2000；Mechler，2005；Whitehead and Rose，2009；Kull et al.，2013）。相比于成本和获益的差值，成本收益比在一定程度上可以更好地反映不同政策工具的成本收益性[④]，比较不同政策的成本收益比可以比较它们的成本收益性，进而为政策制定者提供政策工具成本-效益分析的相关依据。通常，我们将基准情景（business-as-usual，BAU）和政策情景的地区总损失差值定义为政策工具的获益，即 $\text{Benefit}_{i,t} = \text{Damage}_{\text{BAU},t} - \text{Damage}_{i,t}$。其中，$\text{Benefit}_{i,t}$ 表示第 i 种减排政策第 t 期的获益，$\text{Damage}_{i,t}$ 和 $\text{Damage}_{\text{BAU},t}$ 分别表示第 i 种减排政策情景和基准情景下第 t 期的气候损失总量。由此，我们以四类成本与该获益的比值定义四类成本-效益分析指标。

　　总的来看，成本-效果分析和成本-效益分析多是从宏观层面分析减排政策的表现。为了研究减排政策与低碳能源技术发展的互动关系，参考 Zhu 等（2015）的研究，我们从技术层面采用了四个衡量指标：①消费下降的减排贡献份额；②技术替代的减排贡献份额；③每年技术转换变化率；④技术相对价格。上述指标详细定义见表 3.1，其中，i 表示第 i 种减排政策，BAU 表示无减排政策的基准情景，j 表示能源技术。

表 3.1　减排表现指标构建

减排表现	指标	计算方程
成本-效果分析	消费损失	$\text{CL}_i = \sum_t \left[A_t \left(C_{\text{BAU},t} - C_{i,t} \right) \right]$
	GDP 损失	$\text{GL}_i = \sum_t \left[A_t \left(\text{GDP}_{\text{BAU},t} - \text{GDP}_{i,t} \right) \right]$

---

　　① Maddison（1995）、Gerlagh 等（2004）及 Gerlagh 和 van der Zwaan（2006）利用消费损失刻画政策的成本有效性，Manne 等（1995）将能源成本增量定义为政策实施的成本。

　　② 实施气候政策能够改变不同能源技术之间的相对成本优势，但短期内低碳和无碳能源技术受发展水平的限制，难以通过大规模的技术替代实现浓度目标。由于气候政策的作用，能源部门供能成本提高。通过抑制能源投入的供给量，可以降低经济部门产出（Zhu et al.，2015）。同时，非化石能源技术的进步需要大量的技术投资，进而抑制居民消费，所以气候政策实施的前期会产生较高的消费损失、GDP 损失、能源成本上升和能源投资上升（Gerlagh et al.，2004）。

　　③ 成本收益比和收益成本比本质上没有区别，为了便于和成本-效果分析相比较，我们选择成本收益比来体现不同气候政策的成本收益性。

　　④ 相比于净成本，成本收益比（或者收益成本比）表示政策单位收益的成本（或单位成本的获益），可以更好地体现政策的成本-效益分析。

减排表现	指标	计算方程
成本-效果分析	能源成本上升	$\mathrm{ECI}_i = \sum_t \sum_j \left[\varDelta_t \left(p_{i,t}^j Y_{i,t}^j - p_{\mathrm{BAU},t}^j Y_{\mathrm{BAU},t}^j \right) \right]$
	能源投资上升	$\mathrm{EII}_i = \sum_t \sum_j \left[\varDelta_t \left(I_{i,t}^j + \mathrm{ARD}_{i,t}^j - I_{\mathrm{BAU},t}^j - \mathrm{ARD}_{\mathrm{BAU},t}^j \right) \right]$
成本-效益分析	消费损失成本收益比	$\mathrm{CCBR}_i = \dfrac{\sum_t \left[\varDelta_t \left(C_{\mathrm{BAU},t} - C_{i,t} \right) \right]}{\sum_t \left(\varDelta_t \cdot \mathrm{Benefit}_{i,t} \right)}$
	GDP 损失成本收益比	$\mathrm{GCBR}_i = \dfrac{\sum_t \left[\varDelta_t \left(\mathrm{GDP}_{\mathrm{BAU},t} - \mathrm{GDP}_{i,t} \right) \right]}{\sum_t \left(\varDelta_t \cdot \mathrm{Benefit}_{i,t} \right)}$
	能源成本上升成本收益比	$\mathrm{ECBR}_i = \dfrac{\sum_t \sum_j \left[\varDelta_t \left(p_{i,t}^j Y_{i,t}^j - p_{\mathrm{BAU},t}^j Y_{\mathrm{BAU},t}^j \right) \right]}{\sum_t \left(\varDelta_t \cdot \mathrm{Benefit}_{i,t} \right)}$
	能源投资上升成本收益比	$\mathrm{ICBR}_i = \dfrac{\sum_t \sum_j \left[\varDelta_t \left(I_{i,t}^j + \mathrm{ARD}_{i,t}^j - I_{\mathrm{BAU},t}^j - \mathrm{ARD}_{\mathrm{BAU},t}^j \right) \right]}{\sum_t \left(\varDelta_t \cdot \mathrm{Benefit}_{i,t} \right)}$
技术减排贡献	消费下降的减排贡献份额	$\mathrm{CAS}_{i,t} = \left(Y_{\mathrm{BAU},t}^{\mathrm{F}} - Y_{\mathrm{BAU},t}^{\mathrm{F}} \dfrac{\sum_j Y_{i,t}^j}{\sum_j Y_{\mathrm{BAU},t}^j} \right) \Big/ \left(Y_{\mathrm{BAU},t}^{\mathrm{F}} - Y_{i,t}^{\mathrm{F}} \right)$
	技术替代的减排贡献份额	$\mathrm{TAS}_{i,t}^j = \left(Y_{i,t}^j - Y_{\mathrm{BAU},t}^j \dfrac{\sum_j Y_{i,t}^j}{\sum_j Y_{\mathrm{BAU},t}^j} \right) \Big/ \left(Y_{\mathrm{BAU},t}^{\mathrm{F}} - Y_{i,t}^{\mathrm{F}} \right)$
	每年技术转换变化率	$\mathrm{ATCR}_{i,t}^j = \sqrt[m]{\mathrm{TAS}_{i,t}^j / \mathrm{TAS}_{i,t-1}^j}$
	技术相对价格	$\mathrm{TRP}_{i,t}^j = p_{i,t}^j / p_{i,t}^{\mathrm{F}}$

注：CL_i 表示第 i 种减排政策实施后消费损失，$\varDelta_t$ 表示基准情景比较系数，$C_{\mathrm{BAU},t}$ 表示第 t 期基准情景的消费，$C_{i,t}$ 表示第 i 种减排政策第 t 期的消费，GL_i 表示第 i 种减排政策实施后 GDP 损失，$\mathrm{GDP}_{\mathrm{BAU},t}$ 表示第 t 期基准情景的 GDP，$\mathrm{GDP}_{i,t}$ 表示第 i 种减排政策第 t 期的 GDP，ECI_i 表示第 i 种减排政策实施后的能源成本上升，$p_{i,t}^j$ 表示第 i 种减排政策第 j 能源技术第 t 期的价格，$Y_{i,t}^j$ 表示第 i 种减排政策第 j 能源技术第 t 期的消费量，$p_{\mathrm{BAU},t}^j$ 表示基准情景第 j 能源技术第 t 期的价格，$Y_{\mathrm{BAU},t}^j$ 表示基准情景第 j 能源技术第 t 期的消费量，EII_i 表示第 i 种减排政策实施后的能源投资上升，$I_{i,t}^j$ 表示第 i 种减排政策第 j 种能源技术第 t 期的投资，$I_{\mathrm{BAU},t}^j$ 表示基准情景第 j 种能源技术第 t 期的投资，$\mathrm{ARD}_{i,t}^j$ 表示第 i 种减排政策第 j 种能源技术第 t 期的研发投入，$\mathrm{ARD}_{\mathrm{BAU},t}^j$ 表示基准情景第 j 种能源技术第 t 期的研发投入，CCBR_i 表示第 i 种减排政策实施后消费损失成本收益比，$\mathrm{Benefit}_{i,t}$ 表示第 i 种减排政策第 t 期的潜在收益，GCBR_i 表示第 i 种减排政策实施后 GDP 损失成本收益比，ECBR_i 表示第 i 种减排政策实施后能源成本上升成本收益比，ICBR_i 表示第 i 种减排政策实施后能源投资上升成本收益比，$\mathrm{CAS}_{i,t}$ 表示第 i 种减排政策第 t 期消费下降的减排贡献份额，$Y_{\mathrm{BAU},t}^{\mathrm{F}}$ 表示基准情景第 t 期化石能源消费量，$Y_{i,t}^{\mathrm{F}}$ 表示第 i 种减排政策第 t 期化石能源消费量，$\mathrm{TAS}_{i,t}^j$ 表示第 i 种减排政策第 t 期第 j 种能源技术替代的减排贡献份额，$\mathrm{TAS}_{i,t-1}^j$ 表示第 i 种减排政策第 $t-1$ 期第 j 种能源技术替代的减排贡献份额，$\mathrm{ATCR}_{i,t}^j$ 表示第 i 种减排政策第 t 期第 j 种能源技术每年的技术转换变化率，$\mathrm{TRP}_{i,t}^j$ 表示第 i 种减排政策第 t 期第 j 种能源技术相对价格，$p_{i,t}^{\mathrm{F}}$ 表示第 i 种减排政策第 t 期化石能源价格

3.3　数据来源与说明

设定 2010 年为基年，且 2010 年的全国 GDP、出口额和进口额分别为 40.12

万亿元、10.7 万亿元和 9.47 万亿元人民币,消费和投资占 GDP 的比重分别为 33.2% 和 69.1%。其中,我们假设 2010 年我国研发投资占 GDP 的比重为 1.5%。而 2010 年底我国的人口总数为 13.41 亿人(国家统计局能源统计司,2011;Wei et al., 2021)。其他关键模型参数见表 3.2。

表 3.2　主要宏观经济和技术参数

参数名称和符号	参数值	来源
资本折旧率(δ)	7%	
资本份额参数(α)	0.31	van der Zwaan 等(2002)
每年利率	5%	
资本劳动力和能源投入的替代弹性(γ)	0.4	参考经典综合评估模型 DICE 模型(Nordhaus and Boyer, 2000)和 DEMETER(Gerlagh et al., 2004)
化石能源和非化石能源投入的替代弹性(σ_1)	4	
初期时间偏好率(ρ)	0.03	
自发性能效提升年增长率	1%	
出口占 GDP 的最低比例(r_{EXP})	40%	基于 2000 年至 2011 年历史数据估算得到
进口占 GDP 的最高比例(r_{IMP})	30%	
研发投资占 GDP 的最低比例($s_{\min}$)	1.5%	
研发投资占 GDP 的最高比例($s_{\max}$)	2%	
研发投资和知识存量累积的滞后期(rdlag)	2 年	Barreto 和 Kypreos(2004)

由于气候变化的不确定性,模型中关键参数的设定会直接影响气候政策的评估效果,主要包括贴现率(Weitzman,2009)[1]、投资回报率(Horowitz and Lange, 2014)[2],以及减排成本及损失成本的不确定性(Hof et al.,2008)[3]。因此,我们对比分析了多个文献中的参数设定,根据我国的发展趋势选择了合适的参数,以此最大限度地降低该种不确定性对结果的影响。其他主要气候参数见表 3.3。

表 3.3　主要气候参数

参数名称	参数值	来源
大气层 CO_2 保存率($\text{TR}_{\text{atm}}^{\text{atm}}$)	0.7872	参考经典综合评估模型 DICE 模型
大气层至浅海层的 CO_2 转移率($\text{TR}_{\text{atm}}^{\text{ul}}$)	0.2128	(Nordhaus and Boyer, 2000)和
浅海层至大气层的 CO_2 转移率($\text{TR}_{\text{ul}}^{\text{atm}}$)	0.1760	DEMETER(Gerlagh et al., 2004)

---

① Weitzman(2009)提出著名的"悲伤定理":未来巨大不确定性假设下,成本获益分析框架会导致极端结果。也就是说,当贴现率为无穷大时,社会将会愿意使用现有全部的资源来防止环境恶化。

② Horowitz 和 Lange(2014)基于 Weitzman(2009)的"悲伤定理"推导过程,研究发现除了贴现率的不确定性,投资回报率的不确定性同样会使得结果出现极端现象。

③ Hof 等(2008)比较分析多种减排成本和损失方程的设定对减排效果的影响,发现相比贴现率的影响程度,减排成本和损失成本的不确定性的影响同样非常重要。

续表

参数名称	参数值	来源
浅海层 CO_2 保存率（TR_{ul}^{ul}）	0.7615	
浅海层至深海层的 CO_2 转移率（TR_{ul}^{ll}）	0.0625	
深海层至浅海层的 CO_2 转移率（TR_{ll}^{ul}）	0.0023	参考经典综合评估模型 DICE 模型（Nordhaus and Boyer，2000）和 DEMETER（Gerlagh et al.，2004）
深海层 CO_2 保存率（TR_{ll}^{ll}）	0.9977	
大气层至海洋层的温度转移率（TR_{TEMP}^{TLOW}）	0.0510	
大气层至海洋层的相对变暖能力（CA_{TLOW}^{TEMP}）	0.2010	
地球热惯性系数（δ^T）	0.1200	

本节的三种能源技术（化石能源、核能、其他可再生能源）的基年消费份额来自《中国能源统计年鉴—2011》和《电力监管年度报告（2011）》。化石能源的单位使用成本由煤炭、石油和天然气的加权单位使用成本计算得到，分别参考国内原煤价格和煤电上网电价、国际原油价格以及天然气进口到岸价。

参考 Zhu 等（2015）对于我国 2010 年技术成本的估计方式，假设其他可再生能源单位成本为生物质能、风能和光伏太阳能等非水电可再生能源的加权单位成本。同样，核能的单位成本也参考该文的估计，具体见表 3.4。这里需要说明的是，我们在模型中没有将水电成本纳入加权成本核算，主要因为：相对于光伏（photovoltaic，PV）和风能，水电属于传统的可再生能源，其发展在很大程度上受到资源利用潜力的限制。这就是说，未来其他可再生能源的学习因子、平均价格主要由风能、太阳能、生物质能等低碳能源技术参数决定，然而现阶段水电在其他可再生能源中占有很大的比例，其技术参数在很大程度上影响了未来对可再生能源这部分参数估计的准确性。因此，在设定 2010 年非化石能源初始参数时，我们剔除了水电的影响。

表 3.4　能源技术参数

能源技术	能源份额	能源价格/（元/tce）	LBD 学习率	LBS 学习率	排放因子 ε_t^F/（gC/kJ）	年下降率 ε_t
化石能源	91.27%	2282.33	1%	1%	0.017	0.2%
核能	0.73%	4004.20	9%	9%		
其他可再生能源	8%	7695.96	15%	15%		

资料来源：国家统计局能源统计司（2011）；国家电监会（2012）；Zhu 等（2015）；Buyanov（2011）；Gerlagh 等（2004）

注：F 表示化石能源

3.4　情　景　设　置

本章涉及评估三类减排政策[①]：①固定碳税；②动态碳税；③税收补贴组合。为了评价这些政策在国内中长期的减排表现，我们设置 14 类情景，具体见表 3.5。

表 3.5　情景设置

情景		控制目标	碳税	排放比	补贴
基准情景		无	无	居中	无
情景组 1	情景 1	550 ppmv	固定	居中	无
	情景 2	500 ppmv	固定	居中	无
	情景 3	450 ppmv	固定	居中	无
	情景 4	550 ppmv	动态	居中	无
	情景 5	500 ppmv	动态	居中	无
	情景 6	450 ppmv	动态	居中	无
情景组 2	情景 7	450 ppmv	固定	上调	无
	情景 8	450 ppmv	动态	上调	无
	情景 9	450 ppmv	固定	下调	无
	情景 10	450 ppmv	动态	下调	无
情景组 3	情景 11	450 ppmv	动态	居中	有
	情景 12	450 ppmv	动态	上调	有
	情景 13	450 ppmv	动态	下调	有

其中，基准情景没有任何浓度限值和气候政策实施，假设全球-中国排放比为全球 DEMETER 和 DEMETER-China 基准情景的排放比。情景 1~情景 6 主要考察三种浓度目标[②]下的固定碳税和动态碳税的减排表现。其中，情景 1~情景 3 用于评价不同浓度限制目标下固定碳税政策的减排表现，情景 4~情景 6 则用于评价不同浓度限制目标下动态碳税政策的减排表现。情景 7~情景 10 主要考察国内在"减排压力加重"和"减排压力缓解"两种可能情况下气候政策的减排表现。对于情景 7 和情景 8，排放比上调 0.005（以基准情景为参考情景），我们称之为"减排压力加重"；情景 9 和情景 10，排放比下调 0.005（以基准情景为参考情景），

---

① 气候政策主要包括碳税、能源税、非化石能源补贴、税收补贴组合以及碳排放权交易等工具。Gerlaph 和 van der Zwaan（2006）指出：在不考虑 CCS 技术影响时，能源税和碳税的减排效果大体相同。此外，在完全竞争市场下，碳税应当等于排放的边际损失，而在信息完全的碳市场中，均衡碳价也应当与排放的边际损失相等。

② 根据 IPCC 第四次评估报告（Pachauri et al.，2014），温室气体浓度低于 450 ppmv 时，具有 66%的概率来实现 2℃温控目标。因此，我们假设了三类温度气体浓度目标：550 ppmv、500 ppmv 和 450 ppmv。

我们称之为"减排压力缓解"。情景 11~情景 13 则用于考察 450 ppmv 目标下，组合政策在基准情景、"减排压力加重"和"减排压力缓解"三种情况下的减排表现。

3.5　模拟结果的展示与分析

3.5.1　基准情景

基准情景下，国内碳排放和能源结构变化均存在较大的优化空间，见表 3.6。首先，基准情景国内碳排放峰值将于 2080 年（64.4 亿吨 CO_2 排放）才能到达。其次，2050 年以前，基准情景下能源消费结构依然由化石能源主导，核电在能源结构中占比增幅相对较为明显，但其他可再生能源技术发展较为缓慢。

表 3.6　基准情景主要结果

主要结果	2010 年	2030 年	2050 年	2070 年	2090 年
CO_2 排放/亿吨碳	14.2	28.5	46.6	61.8	62.3
GDP/万亿元	40.15	143.44	364.02	786.55	1508.36
消费/万亿元	22.08	80.13	202.51	434.28	836.47
能源成本/万亿元	10.08	21.55	42.23	70.18	93.40
能源投资/万亿元	0.99	3.87	12.42	35.14	71.79
化石能源份额	90.91%	83.65%	73.22%	59.16%	37.90%
核能份额	1.14%	14.90%	20.64%	16.59%	6.54%
其他可再生能源份额	7.95%	1.44%	6.14%	24.24%	55.57%

3.5.2　不同浓度目标下我国碳税政策的减排表现

2010~2050 年，在 550 ppmv、500 ppmv 和 450 ppmv 三个浓度目标下，固定碳税和动态碳税的成本-效果分析和成本-效益分析存在较大差异，具体见表 3.7。从成本-效果分析来看，无论是固定碳税还是动态碳税，四类成本均随浓度目标的趋紧而逐渐增加。但是从成本-效益分析来看，随浓度目标的趋紧，部分成本收益比呈现非线性变化（如情景 4~情景 6 EC 的成本收益比和情景 4~情景 6 EI 的成本收益比），甚至出现反向变化（如情景 1~情景 3 EC 的成本收益比）。

表 3.7　2010~2050 年四类成本指标（万亿元）和成本收益比

情景组 1	CL		GL		EC		EI	
	成本	成本收益比	成本	成本收益比	成本	成本收益比	成本	成本收益比
情景 1	0.393	8.409	0.745	16.364	2.897	63.773	1.180	25.773
情景 2	1.511	15.957	2.090	22.022	5.981	62.826	2.566	26.870
情景 3	3.974	24.883	4.719	29.584	9.955	62.494	4.367	27.364
情景 4	0.124	8.571	0.124	8.857	0.869	59.571	0.414	29.143
情景 5	0.476	17.692	0.269	10.077	1.718	63.538	1.262	46.923
情景 6	2.194	27.205	1.635	20.231	4.760	58.974	3.684	45.718

注：CL 表示消费损失，GL 表示 GDP 损失，EC 表示能源成本上升，EI 表示能源投资上升

　　为了使得不同指标具有可比性，我们将上述成本和成本收益比进行标准归一化处理[①]，计算结果见图 3.1。可以看出，动态碳税的四类成本-效果分析评价指标具有一定优势，但从成本-效益分析评价指标来看，固定碳税政策的 CL 和 EI 成本-效益分析指标具有更好的表现。

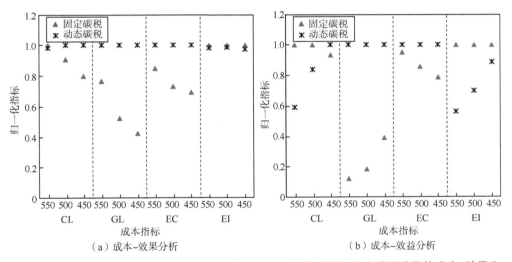

图 3.1　550 ppmv、500 ppmv 和 450 ppmv 浓度目标下固定碳税和动态碳税政策的成本-效果分析指标和成本-效益分析指标

　　① 标准化：所有情景的成本（或成本收益比）除以最高的成本（或成本收益比）。指数化：由于存在负值，我们将所有成本（或成本收益比）取自然指数。归一化：用成本（或成本收益比）最小值除以所有政策的成本（或成本收益比），将它们归一处理为 [0,1]。

3.5.3 不同减排压力下我国碳税政策的减排表现

在 450 ppmv 浓度目标下，情景 7~情景 8 用于研究"减排压力加重"情况分别对两类碳税政策减排表现评价的影响，情景 9~情景 10 则用于研究"减排压力缓解"情况分别对两类碳税政策减排表现评价的影响，计算结果见图 3.2（以情景 3 和情景 6 为参考）。

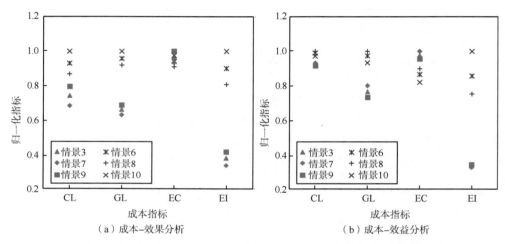

（a）成本-效果分析 （b）成本-效益分析

图 3.2 450 ppmv 浓度目标下的成本-效果分析指标和成本-效益分析指标

由图 3.2 可以看到，"减排压力加重"和"减排压力缓解"情景对于减排政策的成本-效果分析和成本-效益分析的影响差异较大。"减排压力加重"情景（情景 7、情景 8）的四类成本-效果分析指标，均分别低于同一政策工具（情景 3 和情景 6）的四类成本-效果分析指标，而"减排压力缓解"情景（情景 9、情景 10）的四类成本-效果分析指标，均分别高于同一政策工具（情景 3 和情景 6）的四类成本-效果分析指标。但是，"减排压力加重"情景的 EC 成本-效益分析指标高于同一政策工具的 EC 成本-效益分析指标，而"减排压力缓解"情景的 EC 成本-效益分析指标低于同一政策工具的 EC 成本-效益分析指标[1]。

2020~2100 年，固定碳税和动态碳税的四类相对成本[2]路径具有一定的差异，但总体来看呈现先增后减的趋势，且减排中后期开始收敛，具体见表 3.8。一般来

---

① 减排压力的上升会使得中国实施减排政策的宏观经济成本上升。但是地区生产总值会因减排压力的上升而下降，且全球浓度下降水平相同，因此区域潜在获益会受到减排压力上升的影响而升高，故可能出现区域成本收益比随着减排压力的上升而下降。

② 四类相对成本分别指：GL（GDP 损失/基准情景的 GDP）、CL（消费损失/基准情景的消费量）、EC（能源成本上升量/基准情景的能源成本），以及 EI（能源投资上升量/基准情景的能源投资）。

说，由于中前期的税额较高，固定碳税相比于动态碳税具有更高的相对成本，但是中后期由于减排压力的下降，并随着动态碳税的税额上升，两类政策的成本差异也变得相对较小。从结果来看，固定碳税和动态碳税的 CEA-CL 和 CEA-EC 分析指标在 2050 年前后发生转变。动态碳税 2010~2100 年具有较低的 GL 相对成本。固定碳税和动态碳税的 CEA-EI 较早（2035 年前后）发生转变，固定碳税在 2035 年后期具有较低的 EI 相对成本。同时，"减排压力加重"和"减排压力缓解"情况对于减排政策的四类相对成本的影响各有不同，相比于"减排压力缓解"，"减排压力加重"会加重 2015~2100 年 CL、GL、EC 和 EI 的相对成本，进而导致四类总成本的上升。

表 3.8　四类成本分析指标（万亿元）和成本收益比

指标		2020 年	2040 年	2060 年	2080 年	2100 年
CEA_CL	情景 7	0.0046	0.0054	0.0044	0.0016	−0.0003
	情景 8	0.0014	0.0041	0.0049	0.0018	−0.0002
	情景 9	0.0037	0.0046	0.0038	0.0014	−0.0003
	情景 10	0.0009	0.0032	0.0043	0.0016	−0.0002
CBA_CL	情景 7		17.0000	4.2667	0.6812	−0.0645
	情景 8		26.0000	6.4545	0.9298	−0.0545
	情景 9		29.0000	4.3077	0.7193	−0.0879
	情景 10		20.0000	7.8750	1.0444	−0.0788
CEA_GL	情景 7	0.0038	0.0032	0.0009	−0.0011	−0.0014
	情景 8	0.0010	0.0014	0.0006	−0.0013	−0.0016
	情景 9	0.0033	0.0027	0.0007	−0.0011	−0.0014
	情景 10	0.0008	0.0010	0.0003	−0.0014	−0.0016
CBA_GL	情景 7		18.0000	1.6000	−0.8551	−0.6406
	情景 8		16.0000	1.3636	−1.2456	−0.7772
	情景 9		31.0000	1.3846	−1.0526	−0.7418
	情景 10		11.0000	0.8750	−1.6667	−0.9455
CEA_EC	情景 7	0.0594	0.0274	0.0194	0.0113	0.0025
	情景 8	0.0212	0.0227	0.0243	0.0128	0.0027
	情景 9	0.0538	0.0254	0.0183	0.0108	0.0024
	情景 10	0.0170	0.0181	0.0310	0.0125	0.0027
CBA_EC	情景 7		20.5000	3.4667	0.6812	0.0645
	情景 8		34.0000	5.9091	0.9298	0.0743
	情景 9		38.0000	3.7692	0.7895	0.0714
	情景 10		27.0000	10.3750	1.1556	0.0909

续表

指标		2020 年	2040 年	2060 年	2080 年	2100 年
CEA_EI	情景 7	0.1200	0.0920	0.0878	0.0585	0.0283
	情景 8	0.0700	0.1039	0.1061	0.0668	0.0331
	情景 9	0.1100	0.0861	0.0810	0.0546	0.0268
	情景 10	0.0500	0.0890	0.1022	0.0644	0.0320
CBA_EI	情景 7		15.5000	6.0667	2.1594	0.5760
	情景 8		35.0000	10.0000	2.9825	0.7228
	情景 9		29.0000	6.4615	2.4386	0.6484
	情景 10		30.0000	13.2500	3.6444	0.8545

注：表中成本-效果分析指标有 CEA_CL、CEA_GL、CEA_EC、CEA_EI；成本-效益分析指标（成本收益比）有 CBA_CL、CBA_GL、CBA_EC、CBA_EI

2020~2100 年，相比于相应成本，固定碳税和动态碳税的四类成本收益比路径呈现类似的先增后减趋势，且减排中后期开始收敛。这是因为，减排初期的气候损失下降量较小[1]，因此四类成本收益比的走势主要受到各自成本的影响，四类指标的成本收益比与成本-效果分析指标的结果类似。但随着减排中后期潜在获益的增加，固定碳税和动态碳税的 CL、EC 和 EI 成本收益比均较早发生转变，GL 成本收益比较早收敛。此外，"减排压力加重"和"减排压力缓解"对于减排政策相应成本和成本收益比的影响存在一定的差异。相比于"减排压力缓解"情景，"减排压力加重"情景下，CL、EC 和 EI 的成本收益比的整体趋势反而会相对下降，进而导致 CL、EC 和 EI 的总成本收益比下降。

3.5.4　我国碳税和组合政策减排表现的比较

在 450 ppmv 的浓度限制目标下，情景 11 用于评价组合政策的减排表现，情景 12 和情景 13 分别考察"减排压力加重"和"减排压力缓解"情况对组合政策减排表现评价的影响，计算结果见图 3.3。

不同减排政策的四类成本-效果分析指标和成本-效益分析指标存在较大的差异。三类政策（固定碳税、动态碳税和组合政策）的 CL 和 EC 成本差异较小，组合政策的 GL 和 EI 成本均低于固定碳税和动态碳税政策的 GL 和 EI 成本。但不同于常规判断（一个较为直观的推断是，相比单一减排政策，组合政策的减排表现更优），利用成本-效益分析指标评价减排政策时，组合政策仅仅在 EI 成本收益指标方面表现最好。对于 CL 和 GL 成本收益指标，动态碳税的表现更优，而

① 2010~2030 年，相比于基准情景的气候损失下降量为零，且此阶段各类成本也非常微小，由此出现成本收益比为 0/0 的形式，而这些成本获益的关系也近似相等，由此我们假设这段时期的四类成本收益比为 1。

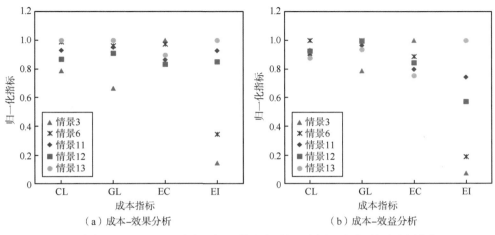

（a）成本-效果分析　　　　　　　（b）成本-效益分析

图 3.3　450 ppmv 浓度目标下的成本-效果分析和成本-效益分析指标

固定碳税在 EC 成本收益指标方面具有明显优势。此外，类似于碳税政策情景，"减排压力加重"和"减排压力缓解"对于组合政策不同减排表现指标的影响也具有较大的差异。首先，"减排压力加重"情景下，组合政策的四类成本会相对上升；"减排压力缓解"情景下，组合政策的四类成本会相对下降。然而，除了 EI 的成本收益比，"减排压力加重"情景下，组合政策的 CL、EC 和 GL 成本收益比会相对下降；"减排压力缓解"情景下，组合政策的 CL、EC 和 GL 成本收益比会相对上升。

3.5.5　能源消费控制和能源替代的减排贡献

除了成本-效果分析和成本-效益分析，对于减排贡献率的影响也是评价气候政策减排表现的重要一项。本书定义三种减排选项：能源消费下降引起的排放减少，核能替代带来的减排，以及其他可再生能源替代带来的减排。2015~2100 年，无论是单一碳税政策还是组合政策，减排初期均依靠大幅度降低能源消费来达到减排目的，但随着其他可再生能源技术竞争力的提升，减排中后期则主要依靠无碳能源替代进行减排，但是，三种减排选项在不同政策下的贡献演变路径存在很大的差异，见图 3.4。对于固定碳税政策，核能在减排初期具有较高的替代减排贡献，中后期随着其他可再生能源竞争力的上升该项贡献下降。对于动态碳税政策，减排初期的税额低于固定碳税，其他可再生能源相对竞争力提升不足，因此动态碳税减排初期需要依靠更多的能源消费下降来减排。对于组合政策，虽然减排初期的税额较低，但由于非化石能源补贴的作用，非化石能源相对竞争力提升最快，因此组合政策在减排初期能源消费下降，减排贡献最低。

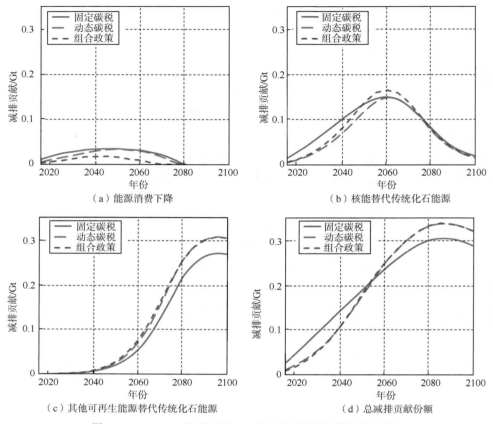

图 3.4　450 ppmv 浓度目标下三类气候政策的减排贡献份额

　　450 ppmv 浓度目标下，不同气候政策的非化石能源年技术替代变化率的路径在 2055 年之前波动较大，后期出现收敛态势，见图 3.5。由结果可知，2020~2055 年，无论是核能还是其他可再生能源的年技术替代变化率路径，三种政策的相对水平由高到低依次为组合政策、动态碳税、固定碳税；随后，不同政策下的年技术替代变化率的波动幅度逐期下降，并最终收敛。不难得出，三类减排政策当中，组合政策的非化石能源技术替代变化率最快，但后期三种政策年技术替代变化率的表现差异十分微小。

　　类似图 3.5，450 ppmv 浓度目标下，不同气候政策的非化石能源技术相对价格在 2055 年之前差异较大，但 2055 年后逐渐收敛，见图 3.6。由此可见，三类减排政策在减排中后期对于低碳技术竞争力的影响十分相近。并且，2055 年之后，非化石能源的技术相对价格开始低于 1，逐渐形成有效供给。

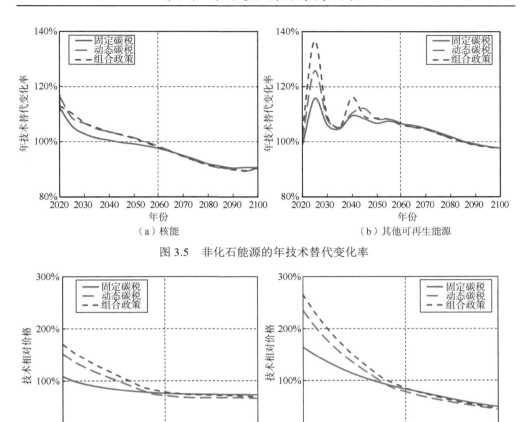

图 3.5　非化石能源的年技术替代变化率

图 3.6　非化石能源的技术相对价格

技术相对价格为非化石能源和化石能源价格比率

3.6　本章小结

　　本章利用第 2 章建立的 DEMETER-China，基于 450 ppmv、500 ppmv 和 550 ppmv 浓度上限目标，分别评估了我国实施固定碳税、动态碳税和税收补贴组合政策的成本-效果分析、成本-效益分析以及减排贡献水平。传统区域综合评估模型在评价单国气候政策的减排表现时，通常关注 GDP 损失或福利损失的成本有效性。本章将实施减排政策的 GDP 损失、消费损失、能源成本上升和能源投资上升分别定义为四类减排政策的成本-效果分析指标，以便更好地分析不同减排政策的成本有效性差异。由结果可知，当部分碳税政策被补贴政策替代时，税收引起的能源成本上升会得到缓解，同时非化石能源技术的竞争力会因为价格补贴而得到有效的改善，进而增加生产过程中的能源投入。因此，无论对于哪类成本-效果分析指标，相比单一碳税政策，组合政策均具有相对较低的减排成本。

此外，由于温室效应具有全球性，地区气候损失受到全球温室气体浓度的直接影响（Nordhaus and Boyer，2000），之前对于单国政策的评价研究难以刻画其潜在获益，因此缺乏关于减排政策的成本-效益分析。我们通过单国和全球排放关系的设定，将区域气候损失的刻画纳入 DEMETER-China，并用不同减排成本和避免气候损失的比值研究减排政策的成本-效益分析。由结果可知，当考虑气候政策的成本-效益分析时，组合政策的大多数成本-效益分析并非最优，且具体的政策偏好对于减排政策的选择也表现出一定的指向性：组合政策的实施仅仅具有更低的 GDP 损失成本收益比，固定碳税政策会带来更低的消费损失和能源投资上升成本收益比，动态碳税则会导致最低的能源成本收益比。这是因为，减排前期非化石能源的竞争力无法短时间得到有效的提升，相比于组合政策，无论是固定碳税还是动态碳税，减排前期均可通过增加更多的化石能源消费成本来抑制化石能源使用，进而在前期完成更多的减排任务，以至于实施单一碳税政策具有部分更低的成本收益比。

我们利用全球模型和单国模型的模拟值得到排放比轨迹的方法，一方面是为了刻画气候损失的大小，另一方面是为了更好地分析单国相对全球减排压力变化时，地区减排政策的实施效果会受到什么影响，尤其对作为主要 CO_2 排放地区的我国具有非常重要的意义。我们将单国相对全球的减排比上升定义为地区的减排压力上升，不难发现，当单国相对全球的排放比下降时，其相对全球的减排比上升，即单国的减排压力上升（"减排压力加重"情景），反之单国相对全球的排放比上升，则其相对全球的减排比下降，即单国的减排压力下降（"减排压力缓解"情景）。由结果可知，随着减排压力的增加，我国的减排成本会上升。但是，区域减排的获益也会随着减排压力的增加而上升，因此从成本-效益分析的角度来看，当我国相对全球的减排比提高时（"减排压力加重"情景），我国气候政策的成本收益比可能会相对下降。相反，当我国相对全球减排比下降时（"减排压力缓解"情景），我国气候政策的成本收益比可能会相对上升。

最后，在评价政策的减排表现时，传统研究总是忽略不同政策减排贡献水平的差异，然而这一差异在很大程度上可以体现实施减排政策的效果差异。因此，我们将三种减排选项的减排贡献率纳入政策评价的指标体系当中。由结果可知，三种政策在减排初期均依靠大幅度降低能源消费来达到减排目的，随着非化石能源技术竞争力的提升，减排中后期则主要依靠无碳能源替代进行减排，相比于碳税政策，组合政策对于能源消费下降这一减排选项的依赖程度最小。并且，2055年之前，三种政策的非化石能源年技术替代变化率和技术相对价格波动较大，灵活的政策调整可以提高这方面的实施效果。但 2055 年之后，三种政策的非化石能源年技术替代变化率和技术相对价格具有明显的收敛趋势，相对固定的政策可能有助于避免政策调整所带来的相关成本。综上所述，考虑到我国当前的发展形势，合适的气候政策的制定取决于政策制定者的关注点。多角度的政策评价，可以为政策制定者提供更加详细、全面的借鉴。

第4章 中国最优减缓和适应投资组合策略分析

巴黎气候大会成功举办之后，各国均开始着手制定和实施本国应对气候变化的具体措施。各国政府和学界人士对于是否有必要同时采取减缓和适应气候变化措施已经达成共识。减缓措施和适应措施在应对气候问题时均具有非常重要的作用，但是二者在应对气候问题时存在较大的区别，且不同经济部门在气候易损性方面也存在一定的差异。由此，本书基于 DEMETER，建立三经济部门的中国综合评估模型，以此评估和权衡 2050 年前考虑气候反馈影响下，我国减缓和适应投资措施的最优投资组合路径。在 450 ppmv 浓度目标下，本章基于两类政策情景进行分析：①仅含减缓类投资的政策情景；②含减缓和适应类投资的政策情景。进而，对政策情景下我国第一产业、第二产业和第三产业部门的碳排放路径和气候类支出路径变化进行优化分析，并为我国未来减缓类和适应类气候支出的投资路径提出相关政策建议。

4.1 问题的提出

随着全球气候变化的愈演愈烈，人类如何应对气候损失问题将面临巨大的挑战。当前，应对气候问题的措施分为两类（Watson，1996）：减缓措施和适应措施[1]。一方面，减缓措施可以通过控制温室气体的排放有效地缓解气候变暖的问题。但同时，由于目前低碳技术较高的成本水平，减缓措施的实施会带来巨大的经济成本（Nordhaus，1993；Robinson，1993a；Maddison，1995；Wigley et al.，1996；Nordhaus and Yang，1996；Nordhaus and Boyer，2000；van der Zwaan et al.，2002；Gerlagh et al.，2004；Gerlagh and van der Zwaan，2006）。另一方面，适应措施在应对气候问题时，也可以发挥重要作用。例如，制冷、制热系统的建设，往往可以在短时间内迅速地应对全球变暖的问题。并且，这类措施具有明显的地域性特点，即本地区的制冷或制热系统可以有效地改善该地区温度变化带来的问题。但此类应急性措施往往是暂时性地应对气候问题，并且随着气候的进一步恶化，未

---

[1] 适应措施指的是在生态、社会和经济系统中用于应对当前或者预期性气候反馈而做出的调整行为（IPCC，1996）。

来潜在的气候突发灾难可能会对其造成不可逆的破坏（Agrawala et al.，2011）。

由此可见，减缓措施和适应措施在应对气候问题时均具有非常重要的作用。许多适应措施和减缓措施均能帮助应对气候变化，但是单一的策略不足以完全应对这一严峻问题。因此，合理有效地制定和实施减缓和适应组合政策才能更好地应对全球变暖所带来的气候问题（Pachauri et al.，2014）。同时，适应措施和减缓措施在应对气候问题时存在较大的区别，当时学者对二者实施的成本大小、时机选择、控制损失效果等方面存在一定的争议（Tol，2007；de Bruin et al.，2009；Bosello et al.，2009；Bahn et al.，2012）。由于基础建设和技术水平的差异，减缓措施和适应措施的成本存在很大的差异（Stern，2007；UNDP，2007；Parry et. al.，2009）。同时，两类措施面临不同的资金约束，在社会福利最大化的目标下，二者的实施必然存在先后顺序。Bosello 等（2009）利用 WITCH 模型模拟了减缓措施和适应措施的最优投资路径，发现：由于 21 世纪初期气候损失水平较低，最优路径前期并没有产生相应的适应措施投资，只有当 21 世纪中期出现较为明显的气候损失时，才会进行具有一定规模的适应投资（Bosello et al.，2009）。但是，虽然适应措施的投入成本存在较大的不确定性，但考虑到减排初期低碳技术具有较高的成本，相比之下适应措施的投入一方面可以缓解初期的气候损失，另一方面也可以对将来突发的气候灾难进行相应的预防，因此在 AD_DICE 的模拟结果下，de Bruin 等（2009）发现应对气候变化最为经济有效的方法是早期实施包含减缓和适应类的气候应对措施，在后期主要通过适应措施来应对气候损失。综上所述，对于减缓措施和适应措施的权衡研究具有十分重要的意义。

除此之外，由于各经济产业的气候易损性存在一定的差异，无论是通过控制温室气体排放的减缓措施，还是适应气候损失的相关举措，都可能对区域不同的经济产业产生差别性影响。2007 年 6 月，国务院印发的《中国应对气候变化国家方案》中明确强调了国家层面适应气候变化的重点领域（国务院，2007），主要包括农业、森林和其他自然生态系统、水资源、海岸带及沿海地区。综上所述，建立合理的多经济部门框架，且同时包含适应和减缓模块的综合评估模型具有非常重要的意义。

那么，如何在综合评估模型基础上引入合理的经济部门划分机制，并构建含适应气候变化投资模块的综合评估模型？在全球温控下，各经济部门的碳排放路径会以何种趋势演变？在相同的控制目标下，我国未来减缓和适应措施的投资大小、时机选择以及避免损失效果具有多大程度的差异？这些都是本章试图去研究和解决的问题。

综上所述，为了更好地对比分析减缓措施和适应措施对经济、能源以及气候系统的影响，在 DEMETER 的基础上，对其进行单国化改造，同时，为了将经济产业部门气候易损性的差异纳入模型框架当中考虑，我们进一步将社会经济部门细分为农业、工业和服务业，并以我国为例建立了 DEMETER-MSAD（the de-carbonisation model with endogenous technologies for emission reductions: multi-sectors with adaptation module，内生减排技术的脱碳模型：包括适应模块的多部门），通过设定单国和全球排放比关系，将区域气候损失纳入考虑，进而对区域减缓和适应政策工具进行对比研究，其中主要包括气候损失刻画、经济部门细分、适应模块建立三个方面。利用 DEMETER-MSAD，我们模拟了我国未来实施减缓措施、适应措施以及组合策略的各类情景，对减缓和适应措施二者实施的成本大小、时机选择、控制损失效果等方面进行对比分析。

4.2　DEMETER-China 的拓展

DEMETER-MSAD 是基于第 2 章构建的中国综合评估模型 DEMETER-China 拓展而来的，主要拓展内容包括两部分。其一，将生产部门由总社会最终产品部门细化为第一产业、第二产业和第三产业三个经济部门；其二，将适应措施的内生决策变量纳入模型框架。具体改进后的模型结构框架见图4.1。

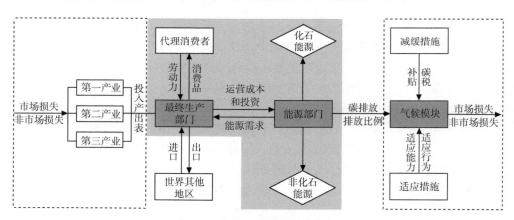

图 4.1　改进后的模型结构框架

DEMETER-MSAD 中的社会福利由考虑气候残留损失影响的人均消费贴现值计算得到：

$$W = \sum_{t=1}^{\infty} (1+\rho)^{-t} L_t \ln\left(\sum_i \left(C_{i,t} - \mathrm{RD}_{i,t} \right) \big/ \sum_i L_{i,t} \right) \qquad (4.1)$$

其中，ρ 表示贴现率；$C_{i,t}$ 表示消费水平；$\mathrm{RD}_{i,t}$ 表示残留气候损失（详见 4.2.2节）；$L_{i,t}$ 表示人口数；i 和 t 分别表示部门和时间；W 表示社会福利水平；L_t 表示第 t 期总人口数。

4.2.1　经济部门拓展

为了将社会经济部门细分为农业、工业和服务业，我们引入投入产出表来刻画初始部门间的投入产出关系（Li and Lin，2013）。因此，我们基于我国 2010 年投入产出延长表，将 42 个经济部门投入产出表合并为农业、工业（含建筑业）和服务业三部门投入产出表，其中社会总产出（Y_t）由三部门总产出（$Y_{i,t}$）叠加而成，即 $Y_t = \sum_i Y_{i,t}$。其中 i 和 t 分别表示部门和时间。此外，在利用全球模型研究气候问题时，通常将全球贸易作为闭环处理，即净出口为零。但是，对于单国问题的研究，此类处理并不适用。因此，在 DEMETER-MSAD 中，我们通过假设进口、出口占国内生产总值的上、下限系数（Zhu et al.，2015）将我国进口、出口变量纳入经济模块。

各个经济部门投资的变化区间具有一定的差异，这一差异可能是由于区域性的经济发展结构和发展进程等多方面经济特点所决定的。因此，我们根据历史数据模拟短期各经济部门投资的变化区间（国家统计局，2015），即第 i 个产业部门社会投资（$I_{i,t}^C$）的上、下扩张系数。

$$\left(1 - v_i^{\min}\right) \cdot I_{i,t-1}^C \leqslant I_{i,t}^C \leqslant \left(1 + v_i^{\max}\right) \cdot I_{i,t-1}^C \tag{4.2}$$

其中，$v_i^{\max}$ 和 $v_i^{\min}$ 分别表示第 i 个产业部门非能源的社会投资（$I_{i,t}^C$）的上、下扩张系数，且 $0 < v_i^{\min}, v_i^{\max} < 1$；$I_{i,t-1}^C$ 表示第 i 个产业部门第 $t-1$ 期的社会投资。对于研发投资，我们假设其在各经济部门之间的分配按照部门增加值的比例分配，如下：

$$\sum_k \mathrm{ARD}_{i,t}^k \Big/ \sum_k \mathrm{ARD}_{j,t}^k = \mathrm{GDP}_{i,t} \Big/ \mathrm{GDP}_{j,t} \tag{4.3}$$

其中，$\mathrm{ARD}_{i,t}^k$ 表示第 t 个部门 k 种能源技术的研发投入；$\mathrm{GDP}_{i,t}$ 表示第 i 个产业部门第 t 期增加值；$\mathrm{GDP}_{j,t}$ 表示第 j 个产业部门第 t 期增加值。

众所周知，适应措施的实施虽然会带来一定的经济成本，但同时也会通过降低气候损失而获得潜在的收益。因此，在多部门（multi-sectors）策略实施背景下各自采取适应措施应对气候问题时，我们需要考虑两类目标：一方面是社会成本有效，通常指的是经济系统中的社会福利最大化；另一方面，由于不同经济部门的气候易损性存在一定的差异，各部门适应措施的投资不能单纯地按照部门增加值的比例分配，因此，我们根据各部门适应投资的边际获益相等原则分配部门适应投资。无论是适应行为投资还是能力建设投资，均在社会福利最大化目标下满足最优的投资总量。因此，该种分配原则满足社会成本有效这一目标。而且，由于不同经济部门遭受气候损失的程度各不相同。不难发现，对于任意经济部门，在应急性适应投资和适应能力建设投资总量一定的条件下，当期各部门的该种适应投资满足部门边际获益相等时，全社会适应措施避免气候损失获得的收益最大。

4.2.2　适应模块构建

当前人类主要依靠减缓措施和适应措施的实施来应对气候变化问题，在综合评估模型中也不乏对这两种气候措施的刻画。对于减缓措施，其主要是通过相应的气候政策控制温室气体排放以减缓气候变化进程。因此，DICE 模型、RICE 模型、MERGE、FUND、WITCH 等模型通过设定碳税和非化石能源补贴等政策来刻画此类气候措施（Nordhaus，1993；Manne et al.，1995；Nordhaus and Yang，1996；Nordhaus and Boyer，2000；Tol，2001；Bosetti et al.，2006）。对于适应措施，则是通过投资相关应急行为、预期行为，以及能力建设来适应气候损失（Agrawala et al.，2011）。因此，PAGE、DICE 模型、RICE 模型、FUND、WITCH 等模型通过适应行为投资和适应能力建设投资来量化分析适应措施（Hope et al.，1993；Tol，2007；de Bruin et al.，2009；Bosello et al.，2009）。第 2 章对于 DEMETER-China 的减缓模块做了详细介绍，接下来，我们将对 DEMETER-MSAD 中适应模块的构建进行详细介绍。

参考 WITCH 模型对于适应措施的刻画（Bosello et al.，2009），在 DEMETER-MSAD 中我们同样将适应措施分为适应行为和适应能力建设，并分别内生得到其最优的适应投资。首先，我们将适应系数（$\text{ADAPT}_{i,t}$）对于气候损失的降低作用假设为适应措施的实施，则部门 i 遭受的气候残留损失（$\text{RD}_{i,t}$）可以表示为式（4.4）、式（4.5）：

$$\text{RD}_{i,t} = \frac{\text{TD}_{i,t}}{1 + \text{ADAPT}_{i,t}} \tag{4.4}$$

$$\text{s.t.} \quad \sum_i \text{RD}_{i,t} \leqslant \overline{\text{RD}}_{450} \tag{4.5}$$

其中，$\text{TD}_{i,t}$ 表示部门 i 遭受的总气候损失；$\overline{\text{RD}}_{450}$ 表示 450 ppmv 浓度下残留气候损失的上限。社会总残留损失（RD_t）为各部门遭受的气候残留损失（$\text{RD}_{i,t}$）之和。

$$\text{RD}_t = \sum_i \text{RD}_{i,t} \tag{4.6}$$

对于式（4.4）中的适应系数（$\text{ADAPT}_{i,t}$），我们假设其由适应能力建设（adaptive

capacity building，CAP）系数和适应行为（adaptation activities，ACT）系数的 CES 形式复合而成，见式（4.7）：

$$\mathrm{ADAPT}_{i,t} = \left(\alpha_{i1} \mathrm{CAP}_{i,t}^{\rho_{\mathrm{ADA}}} + \alpha_{i2} \mathrm{ACT}_{i,t}^{\rho_{\mathrm{ADA}}} \right)^{1/\rho_{\mathrm{ADA}}} \quad （4.7）$$

其中，α_{i1} 和 α_{i2} 分别表示适应能力建设和适应行为的技术进步水平；ρ_{ADA} 表示适应能力建设和适应行为之间的替代弹性；$\mathrm{CAP}_{i,t}$ 表示第 i 个产业部门第 t 期适应能力建设系数；$\mathrm{ACT}_{i,t}$ 表示第 i 个产业部门适应行为系数。

接下来，CAP 由一般适应能力建设[①]系数和特殊适应能力建设[②]系数的 CES 形式复合而成，见式（4.8）：

$$\mathrm{CAP}_{i,t} = \left(\alpha_{i3} \mathrm{GCAP}_{i,t}^{\rho_{\mathrm{tcap}}} + \alpha_{i4} \mathrm{SCAP}_{i,t}^{\rho_{\mathrm{tcap}}} \right)^{1/\rho_{\mathrm{tcap}}} \quad （4.8）$$

其中，$\mathrm{GCAP}_{i,t}$ 表示第 i 个产业部门第 t 期一般适应能力建设系数；α_{i3} 和 α_{i4} 分别表示一般适应能力建设和特殊适应能力建设的技术进步水平；ρ_{tcap} 则表示一般适应能力建设和特殊适应能力建设之间的替代弹性。一般适应能力建设不仅代表自身的适应能力，同时也反映该地区的经济发展能力。一般而言，越富有的国家和地区，用于适应措施的投资也越多。因此，$\mathrm{GCAP}_{i,t}$ 由 DEMETER-MSAD 中社会全要素生产率的增长率外生决定，且初始值由地区的资本和知识存量决定，见式（4.9）：

$$\mathrm{GCAP}_{i,t} = \mathrm{GCAP}_{i,0} \cdot \mathrm{TFP}_{i,t} \quad （4.9）$$

特殊适应能力建设主要由用于适应能力建设的投资决定，如早期预警系统建设、适应研发投资等。由此，$\mathrm{SCAP}_{i,t}$ 在 DEMETER-MSAD 中由存量刻画，且由每期特殊适应能力建设投资累加而得，见式（4.10）：

$$\mathrm{SCAP}_{i,t} = \left(1 - \delta_{\mathrm{CAP}} \right) \mathrm{SCAP}_{i,t-1} + \mathrm{ISCAP}_{i,t} \quad （4.10）$$

其中，$\mathrm{SCAP}_{i,t}$ 表示第 i 产业部门第 t 期特殊适应能力建设存量投资；$\mathrm{SCAP}_{i,t-1}$ 表示第 i 产业部门第 $t-1$ 期特殊适应能力建设存量投资；$\mathrm{ISCAP}_{i,t}$ 表示第 t 期特殊适应能力建设投资；δ_{CAP} 表示折旧率。$\mathrm{ACT}_{i,t}$ 由应急性适应行为系数（$\mathrm{RAD}_{i,t}$）和预期性适应行为系数（$\mathrm{PAD}_{i,t}$）的 CES 形式复合而成，见式（4.11）：

$$\mathrm{ACT}_{i,t} = \left(\alpha_{i5} \mathrm{PAD}_{i,t}^{\rho_{\mathrm{ACT}}} + \alpha_{i6} \mathrm{RAD}_{i,t}^{\rho_{\mathrm{ACT}}} \right)^{1/\rho_{\mathrm{ACT}}} \quad （4.11）$$

其中，α_{i5} 和 α_{i6} 分别表示预期性适应行为和应急性适应行为的技术进步水平；

---

① GCAP，generic adaptation capacity building，表示一般适应能力建设。

② SCAP，specific adaptation capacity building，表示特殊适应能力建设。

ρ_{ACT} 则表示预期性适应行为和应急性适应行为之间的替代弹性。

$\mathrm{PAD}_{i,t}$ 在 DEMETER-MSAD 中由存量刻画，且由每期预期性适应行为投资（$\mathrm{IPAD}_{i,t}$）叠加而得，见式（4.12）：

$$\mathrm{PAD}_{i,t} = (1 - \delta_{\mathrm{PAD}})\mathrm{PAD}_{i,t-1} + \mathrm{IPAD}_{i,t} \qquad (4.12)$$

最后，部门 i 增加值（$\mathrm{GDP}_{i,t}$）由消费、一般投资、研发投资、能源投资、特殊适应能力建设投资、应急适应系数和预期性适应行为投资组成，见式（4.13）：

$$\mathrm{GDP}_{i,t} = C_{i,t} + I_{i,t}^{C} + \sum_{k}\mathrm{ARD}_{i,t}^{k} + \sum_{j}I_{i,t}^{j} + \mathrm{EXP}_{i,t} - \mathrm{IMP}_{i,t} \\ + \mathrm{ISCAP}_{i,t} + \mathrm{RAD}_{i,t} + \mathrm{IPAD}_{i,t} \qquad (4.13)$$

其中，$\mathrm{EXP}_{i,t}$ 表示第 i 部门第 t 期的出口；$\mathrm{IMP}_{i,t}$ 表示第 i 部门第 t 期的进口；社会总产出（Y_t）由国内生产总值（GDP_t）、中间投入（$\sum_{i}M_{i,t}$）和残留损失（RD_t）三部分组成，如下：

$$Y_t = \mathrm{GDP}_t + \mathrm{RD}_t + \sum_{i}M_{i,t} \qquad (4.14)$$

不难发现，适应措施的实施导致残留损失下降，国内生产总值可以进一步提高，因此社会福利也会有所提升。但是，如果投入过多的适应措施，会加大适应投资的力度，进而抑制消费水平，不利于社会福利的提高。因此，在优化模拟过程中，DEMETER-MSAD 将基于社会福利最大化的原则，优化得到合适的适应投资水平。综上所述，本章将利用 DEMETER-MSAD，模拟我国未来实施减缓措施、适应措施以及组合策略的各类情景，并对减缓和适应措施二者实施的成本大小、时机选择、控制损失效果等方面进行对比分析。

4.3　数据来源与情景设置

4.3.1　数据来源与说明

设定 2010 年为基年，且 2010 年的全国 GDP、出口额和进口额分别为 40.12 万亿元、10.7 万亿元和 9.47 万亿元人民币。其中，我们假设 2010 年我国研发投资占 GDP 的比重为 1.5%。而 2010 年底我国的人口总数为 13.41 亿人（国家统计局，2011）。此外，根据世界银行对于我国未来人口走势的预测情况（World Bank，2012），假设我国 2050 年的人口水平达到峰值 14.7 亿人。表 4.1 和表 4.2 详细介绍了各经济部门的主要宏观经济和相关能源技术参数。其中，根据 Manne 等

（1995）的研究，第一产业、第二产业和第三产业部门的市场损失（d_{i1}）和非市场损失（d_{i3}）参数被分别设置为 0.008 64 和 0.007 20、0.005 76 和 0.0048、0.0032和 0.0016，且 d_{i2} 和 d_{i4} [①] 均为 2。

表 4.1　2010 年主要宏观经济参数初始值和部门份额

参数	参数值	单位	部门份额			来源
			第一产业	第二产业	第三产业	
GDP	40.12	万亿元	10.80%	50.50%	38.70%	国家统计局（2011）
消费	27.72		8.73%	30.02%	61.25%	
进口额	9.47		3.15%	88.98%	7.87%	
出口额	10.70		0.70%	85.41%	13.89%	
研发投资占 GDP 的比例	1.50%		1.84%	91.64%	6.52%	
人口	13.41	亿人	36.70%	28.70%	34.60%	

表 4.2　相关能源技术参数介绍

名称	能源份额	能源价格/（元/tce）	LBD 学习率	LBS 学习率	排放因子 ε_t^F /（g/kJ）	年下降率 ε_t
化石能源	91.27%	2282.33	1%	1%	0.017	0.2%
非化石能源	8.73%	7387.26	20%	20%		

资料来源：Finley（2013）；国家统计局能源统计司（2011）

4.3.2　情景设置

为了权衡减缓措施和适应措施对于我国应对气候变化的效果，本书在基准情景的基础上，设定了两类政策情景。S1 情景表示在 450 ppmv 浓度控制目标下，仅允许减缓类气候支出。类似 S1 情景的控制目标，基于残留损失的上限目标 [方程（4.4）]，S2 情景下允许减缓类和适应类气候支出。此外，基准情景下没有涉及额外的气候政策，其作为参考情景，用于计算两类政策情景的减缓类和适应类气候投资水平。具体情景设置详见表 4.3。

表 4.3　情景设置

情景名称	目标	减缓气候支出	适应气候支出
基准情景	无	无	无
S1 情景	有	有	无
S2 情景	有	有	有

---

① d_{i2} 和 d_{i4} 表示第一、二、三产业部门市场损失参数和非市场损失参数。

4.4　模拟结果的展示与分析

4.4.1　我国碳排放与气候支出的最优路径

图 4.2 展示了 S1 情景和 S2 情景下我国 2015 年至 2050 年的 CO_2 排放路径变化。如图 4.2 所示，在两种政策情景下，碳排放峰值均在 2030 年左右达到。然而，S1 情景和 S2 情景下 2030 年达峰水平存在一定的差距，S1 情景下 2030 年 CO_2 排放量为 13.42 Gt，而 S2 情景下 2030 年 CO_2 排放量为 13.41 Gt。不难看出，在 2035 年以前，两类政策情景下的总 CO_2 排放路径之间并没有表现出明显差距，S1 情景下 2035 年 CO_2 排放量为 13.26 Gt，而 S2 情景下 2035 年 CO_2 排放量为 13.25 Gt。然而，在 2035 年至 2045 年期间，二者 CO_2 排放量出现了较为明显的差距，其中相对于 S1 情景的 CO_2 排放量，S2 情景 CO_2 排放量具有更为明显的下降趋势。例如，在 2040 年，S1 情景和 S2 情景的 CO_2 排放量分别为 12.72 Gt 和 12.46 Gt，之间的差距达到 0.26 Gt。随后，此类差异逐渐缩小，并于 2050 年左右，S1 情景下的 CO_2 排放量相比于 S2 情景下降至更低水平，S1 情景和 S2 情景于 2050 年 CO_2 排放量分别为 10.22 Gt 和 10.31 Gt。从排放总量的视角来看，S1 情景和 S2 情景在 2015 年至 2050 年期间的 CO_2 排放总量分别为 107.66 Gt 和 107.17 Gt，二者之间的差距达 0.49 Gt。

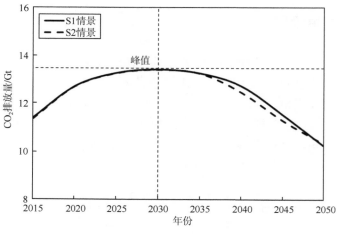

图 4.2　2015 年至 2050 年中国 CO_2 排放路径

图 4.3 展示了 S1 情景和 S2 情景下我国 2015 年至 2050 年的气候支出占 GDP 比例的变化趋势，其中 S1 情景和 S2 情景的 GDP 水平存在一定的差异（表 4.4 和表 4.5）。在 2030 年之前，S1 情景和 S2 情景下的气候支出占 GDP 的比例均呈现

上升趋势，而 S1 情景下的气候支出占 GDP 的比例从 2035 年开始逐渐下降。这是因为模型优化机制随着非化石能源的竞争力提升，化石能源的消费份额逐渐下降，所以 S1 情景下用于减缓气候变化的支出需求逐渐下降。对于 S2 情景，2035年之前其气候支出只包含减缓类的气候支出，且 S2 情景下气候支出占 GDP 比例于 2035 年达到最高值（这与 S1 情景下 2030 年达峰有所区别）。随后，在 2040年开始出现一定规模的适应类气候支出，且 S2 情景的气候支出占 GDP 的比例呈现下降趋势。由于 450 ppmv 浓度控制目标和适应类气候支出的需求出现，模型的优化选择中 S2 情景下 2035 年的减缓类气候支出占 GDP 的比例相比于 2030 年显现出更高的水平。然而，由于后期适应类气候支出具有更高的需求，因此 S2情景下 2015 年至 2035 年减缓类气候支出占比呈增加趋势，且于 2035 年其减缓类气候支出占 GDP 比例达到最高水平。

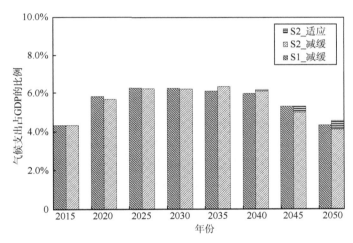

图 4.3　2015 年至 2050 年中国气候支出占 GDP 比例的变化趋势

表 4.4　S1 情景和 S2 情景下的 GDP、气候损失占 GDP 比例和气候支出占 GDP 比例等

情景	指标	2015 年	2020 年	2025 年	2030 年	2035 年	2040 年	2045 年	2050 年
S1	GDP/万亿元	55.94	75.94	101.12	132.35	170.24	214.73	265.45	322.97
	气候损失占 GDP 的比例	0.05%	0.07%	0.08%	0.09%	0.10%	0.12%	0.15%	0.17%
	气候支出占 GDP 的比例	4.32%	5.81%	6.27%	6.25%	6.10%	5.98%	5.30%	4.33%
	非化石能源投资占 GDP 的比例	4.41%	5.90%	6.37%	6.33%	6.17%	6.03%	5.33%	4.34%
S2	GDP/万亿元	55.92	75.93	101.05	132.35	170.13	214.43	265.33	322.97
	气候损失占 GDP 的比例	0.05%	0.07%	0.08%	0.09%	0.10%	0.12%	0.14%	0.17%
	气候支出占 GDP 的比例	4.32%	5.67%	6.23%	6.22%	6.35%	6.18%	5.32%	4.56%
	减缓类气候支出占 GDP 的比例	4.32%	5.67%	6.23%	6.22%	6.35%	6.11%	5.01%	4.10%

续表

情景	指标	2015 年	2020 年	2025 年	2030 年	2035 年	2040 年	2045 年	2050 年
S2	适应类气候支出占 GDP 的比例	0.00%	0.00%	0.00%	0.00%	0.00%	0.08%	0.31%	0.46%
	非化石能源投资占 GDP 的比例	4.41%	5.74%	6.31%	6.31%	6.42%	6.15%	5.03%	4.11%

表 4.5　2015 年至 2050 年第一产业、第二产业和第三产业部门增加值（单位：万亿元）

情景	产业	2015 年	2020 年	2025 年	2030 年	2035 年	2040 年	2045 年	2050 年
S1	第一产业	2.96	2.96	3.94	5.43	7.83	12.67	18.85	22.61
	第二产业	24.11	33.26	44.29	58.10	74.57	91.04	111.49	132.09
	第三产业	28.92	39.72	52.89	68.82	88.02	111.01	135.11	167.94
S2	第一产业	2.96	2.96	3.94	5.43	8.34	12.87	16.98	20.35
	第二产业	28.07	37.74	49.31	63.21	79.62	97.35	115.68	135.32
	第三产业	24.94	35.31	47.79	63.60	82.00	104.21	132.66	167.30

　　此类气候支出占比的变化路径在一定程度上可以解释图 4.2 中显示的两类政策情景下 CO_2 排放量变化趋势之间的差异。根据表 4.4 中结果可知，S1 情景下的 GDP 水平不低于 S2 情景下的 GDP 水平，并且 S1 情景下的减缓类气候支出占比同样高于 S2 情景（图 4.3），这就导致 2015 年至 2030 年期间 S1 情景和 S2 情景的碳排放路径呈现十分相似的结果。S2 情景下 2035 年较高的减缓类气候支出占比导致其 CO_2 排放量呈现更为明显的下降趋势。然而，2040 年一定规模的适应类气候支出的出现，一方面对于减缓类气候支出存在一定的挤出效应，另一方面适应类气候措施的实施也会带来一部分的 CO_2 排放，如建造大坝需要额外的水泥和钢铁投入，这些均会带来一定的 CO_2 排放。这也进一步解释了为什么 S2 情景相比于 S1 情景在 2050 年左右具有更高水平的 CO_2 排放量。本章将基于产业部门间的分析，来进一步研究不同经济部门的 CO_2 排放和气候支出的变化趋势。

4.4.2　第一产业碳排放与气候支出的最优路径

　　从整体趋势来看，第一产业部门的 CO_2 排放路径呈现出和总排放路径相似的趋势（图 4.4）。S1 情景和 S2 情景下第一产业部门的 CO_2 排放量在部门碳排放达峰之前的差距较小，然而 S2 情景的 CO_2 排放在碳排放达峰之后呈现更为明显的下降趋势，并于 2050 年左右又恢复至 S1 情景的 CO_2 排放水平。不同于全国 CO_2 排放路径的是，第一产业的 CO_2 排放达峰将于 2035 年左右达到，且 S1 情景和 S2 情景下第一产业部门 CO_2 排放达峰水平分别为 3.64 Gt 和 3.62 Gt。接下来，本章将从第一产业部门的气候支出结构来解释其较晚出现的达峰原因。

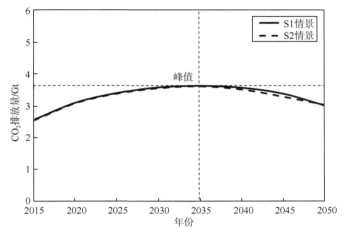

图 4.4　2015 年至 2050 年中国第一产业部门的 CO_2 排放路径

　　如图 4.5 所示，S1 情景和 S2 情景下第一产业部门的气候支出占 GDP 的比例呈现出与全国水平相似的变化趋势（图 4.3）。在 2025 年之前，相比于 S1 情景，S2 情景下的气候支出占 GDP 的比例呈现较低的水平或与 S1 情景水平基本接近，在 2025 年至 2040 年期间，S2 情景的气候支出占 GDP 的比例逐渐超过 S1 情景下的气候支出占比。此外，S1 情景和 S2 情景气候支出占 GDP 的比例分别于 2045 年达到峰值。不难发现，两类政策情景下的气候支出占 GDP 的比例均在碳排放达峰时间 2035 年之后有一定的上升趋势，这主要是因为模型中关于市场损失和非市场损失因子的设定，所以在模拟后期需要更高水平的气候支出。不同于图 4.3 中全国气候支出占 GDP 的比例的变化趋势，S2 情景下第一产业部门于 2045 年左右

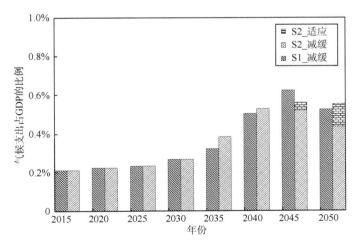

图 4.5　2015 年至 2050 年中国第一产业部门的气候支出占 GDP 比例的变化趋势

出现一定规模的适应类气候支出，并且相对来看，第一产业部门的适应类气候支出占总气候支出的比例具有更高的水平，这同样是由第一产业部门的更高水平市场和非市场损失因子的假设而导致的。

此类气候支出占比的变化路径在一定程度上可以解释图 4.4 中显示的两类政策情景下我国第一产业部门的 CO_2 排放量变化趋势之间的差异。如图 4.4 和表 4.5 所示，相比于 S2 情景，S1 情景下的减缓类气候支出占比也具有更高的水平，因此 S1 情景和 S2 情景在 2015 年至 2025 年期间的 CO_2 排放路径呈现较为相似的现象。然而，2030 年开始 S2 情景下第一产业部门出现更高的减缓类气候支出占比，导致其 CO_2 排放呈现更为明显的下降趋势。同样地，类似于 4.4.1 节的分析可以进一步解释：相比于 S1 情景，2050 年末期第一产业部门 S2 情景下具有更高的 CO_2 排放水平。

4.4.3　第二产业碳排放与气候支出的最优路径

图 4.6 展示了 S1 情景和 S2 情景下我国第二产业部门的 CO_2 排放路径。不同于 4.4.1 节全国 CO_2 排放的达峰时间 2030 年，S1 情景和 S2 情景下第二产业部门的 CO_2 排放均于 2035 年达峰，达峰水平均为 4.77 Gt。在 2035 年之前，相比于 S1 情景，S2 情景下第二产业部门的 CO_2 排放量具有相对略低水平，而且在此期间，两类情景下第二产业部门的 CO_2 排放路径呈现十分缓慢的增长趋势。在 2035 年至 2045 年期间，S2 情景下第二产业部门的 CO_2 排放水平与 S1 情景之间的差距逐渐变大。随后，本章将会从第二产业部门的气候支出结构来进一步解释这一现象。

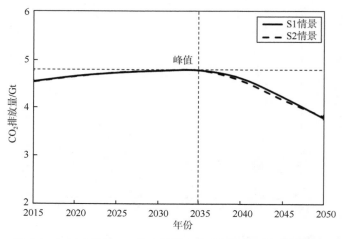

图 4.6　2015 年至 2050 年中国第二产业部门的 CO_2 排放路径

图 4.7 展示了 2015 年至 2050 年我国第二产业部门的气候支出占 GDP 的比例变化趋势。不同于图 4.3 和图 4.5 所示的全国气候支出占比和第一产业气候支出占比变化趋势，第二产业气候支出占比在两类政策情景下更早达到峰值，两类政策均于 2025 年达峰。这主要是因为第二产业部门具有更高的碳排放强度和碳排放水平，因此在全球浓度控制目标下，其对气候支出的需求具有更高的水平。此外，如表 4.5 所示，相比于 S1 情景，S2 情景下第二产业部门更高的部门增加值导致其更高的气候支出占 GDP 比例。

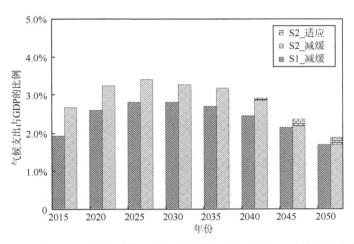

图 4.7　2015 年至 2050 年中国第二产业部门的气候支出占 GDP 比例的变化趋势

此外，第二产业部门的气候支出占比变化趋势同样可以解释两类政策情景下第二产业部门 CO_2 排放路径之间的差异。2035 年之后，S2 情景下适应类气候支出占比的上升导致 S2 情景下第二产业部门的 CO_2 排放相比于 S1 情景具有更为明显的下降趋势。同样地，随着一定规模的适应类气候支出的出现，由于挤出效应和部分适应措施可能直接产生 CO_2 排放，S2 情景下第二产业部门相比于 S1 情景在 2050 年左右具有更高水平的 CO_2 排放量。

4.4.4　第三产业碳排放与气候支出的最优路径

图 4.8 展示了 2015 年至 2050 年 S1 情景和 S2 情景下我国第三产业部门的 CO_2 排放路径的变化趋势。如图 4.8 所示，S1 情景和 S2 情景下第三产业的 CO_2 排放均于 2025 年左右达峰，达峰水平均为 5.15 Gt。不同于第一产业和第二产业部门，第三产业部门的 CO_2 排放路径无论是在达峰前还是达峰后，均具有更为明显的上升和下降趋势。随后，本章将从第三产业部门气候支出结构来解释这一现象。

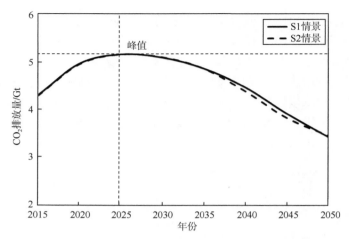

图 4.8　2015 年至 2050 年中国第三产业部门的 CO_2 排放路径

　　图 4.9 展示了 2015 年至 2050 年我国第三产业部门的气候支出占 GDP 比例的变化趋势。如表 4.5 所示，相比于第一产业和第二产业，第三产业部门增加值具有更高的增长速率，因此第三产业部门的 CO_2 排放在达峰前期也具有更高的上升速率。然而，S1 情景和 S2 情景下第三产业部门的气候支出路径存在较大的差异。在 S1 情景下，第三产业部门的气候支出占 GDP 的比例于 2025 年达到最高值，但在 S2 情景下第三产业部门的气候支出占 GDP 的比例于 2035 年才达到峰值。而此类部门增加值和气候支出差异也进一步解释了两类政策情景下第三产业部门 CO_2 排放路径之间的差异。

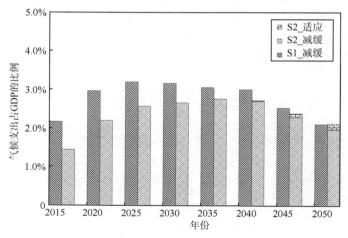

图 4.9　2015 年至 2050 年中国第三产业部门的气候支出占 GDP 比例的变化趋势

4.4.5　减缓和适应类气候损失避免量的变化差异

气候措施所避免的气候损失被定义为相比于基准情景的 S1 情景和 S2 情景的气候损失节约量。图 4.10 展示了 S2 情景的气候损失避免量与 S1 情景的气候损失避免量的差值。如图 4.10 所示，在 2040 年之前，S1 情景在没有适应类气候支出投入条件下，其气候损失避免量具有更高水平。并且，S1 情景和 S2 情景下减缓类气候支出所避免的气候损失量基本相同。适应类气候支出于 2040 年开始出现一定规模，这也导致通过适应类气候支出所避免的气候损失曲线开始呈现上升趋势（图 4.10）。由于 2040 年之后，S2 情景下的全国 CO_2 排放量相比于 S1 情景具有更低的水平（图 4.2），因此在此期间 S2 情景下气候损失避免量与 S1 情景的差值也开始呈现上升趋势。从长期来看，不同于 S1 情景，由于减缓和适应类气候支出的共同作用，S2 情景的气候损失避免量具有更高的水平。

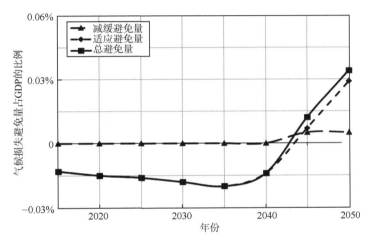

图 4.10　气候损失避免量占 GDP 比例：S2 情景与 S1 情景间的差值分析

4.4.6　主要国家间的碳排放峰值比较

本章基于社会福利最大化的模拟得到的一个主要发现就是第三产业部门 CO_2 排放达峰时间相比于全国达峰时间更早，而第二产业部门 CO_2 排放达峰时间相比于全国达峰时间更晚。部分学者在研究我国产业排放时认为若我国 CO_2 排放于 2030 年左右达峰，需要促使第二产业部门 CO_2 排放提前达峰。本章在考虑到社会福利最大化目标下提出了相反的观点。第三产业部门在我国总体经济结构调整政策的约束下将扮演越来越重要的角色。这是因为在这一国家层面的经济结构调整约束下，产业部门面临着去高耗能、高排放强度和高污染的问题，而那些具有更高标准技术水平和高增加值的产业部门将得到大力发展。此外，第二产业部门的大部分产品被作为中间投入在某些第三产业部门广泛使用，如房地产和交通行业等。面对逐渐扩张的第三产业部门（部分由公共政策推动），地区将会难以控制第二产业部门的 CO_2 排放峰值。

　　表 4.6 总结了 OECD 部分成员国的温室气体排放达峰时间和排放水平的历史数据。尽管从统计学角度来看，这里统计指标与本章部门 CO_2 排放结果有一定的差别，但是其足以贴近本章关于我国第二产业部门排放的边界。这里，这些国家第二产业部门的排放主要包括第二产业制造业和能源供应等所排放的温室气体。例如，日本的数据显示，其第二产业的温室气体排放达峰时间晚于全国排放达峰时间；而对于奥地利和日本，其第三产业部门的温室气体排放达峰时间则早于全国排放达峰时间。当然，国家间的经济和技术发展水平存在一定程度的差异性，本章从部门的视角提出了一个新的想法和选择来实现我国 CO_2 排放达峰目标。

表 4.6　温室气体达峰时间和排放水平（单位：百万 tCO_2 当量）

国家	第一产业	第二产业	第三产业	总排放
澳大利亚	80.06（1990 年）	306.75（2009 年）	166.05（2014 年）	537.89（2009 年）
奥地利	8.13（1991 年）	43.85（2005 年）	42.351（2004 年）	92.81（2005 年）
加拿大	61.40（2005 年）	330.16（2007 年）	371.62（2014 年）	758.43（2007 年）
法国	84.13（2000 年）	223.89（1991 年）	290.71（2001 年）	575.24（1991 年）
意大利	36.85（1991）	291.31（2004 年）	259.68（2005 年）	580.73（2004 年）
日本	43.24（1994 年）	998.28（2013 年）	463.40（2000 年）	1412.80（2007 年）

资料来源：作者基于 1990~2014 年 OECD 数据的估算

注：括注为达峰时间

4.5　本 章 小 结

　　自巴黎气候大会（COP21）成功召开以来，包括我国在内的许多国家，均达成了共同制定和实施减缓和适应类气候措施以应对气候变化问题的共识。然而，现有研究工作很少从全国层面和部门层面对我国包含减缓和适应措施的投资组合以及碳排放路径进行研究分析。本章基于纳入减缓和适应模块的三经济部门中国综合评估模型，在全球 450 ppmv 浓度目标约束下，评估了我国的减缓和适应投资策略的最优投资组合。主要结论包括以下两方面：其一，在考虑气候损失反馈和社会福利最大化目标条件下，我国需要在持续投入减缓类气候支出的前提下，于 2040 年左右投入一定规模的适应类气候支出，以更好地应对气候变化所带来的经济损失。从长期的角度来看，在我国包含减缓和适应措施的投资组合能够应对和避免更多的气候损失，且 2050 年末也能实现更低的 CO_2 排放总量水平。其二，从模型的优化结果来看，我国第三产业部门的 CO_2 排放达峰时间将早于全国 CO_2 排放达峰时间，于 2025 年左右达峰，而我国第二产业部门 CO_2 排放达峰时间将晚于全国 CO_2 排放达峰时间，于 2035 年左右达峰，但是第二产业部门在 2035 年以前 CO_2 排放将保持非常缓慢的上升趋势。并且，由于产业部门之间特点的差异，第一产业、第二产业和第三产业部门的减缓类和适应类气候支出结构路径将呈现不同的趋势。此外，本章对于政策制定者提供两点主要的政策建议：其一，国家层面适应类气候支出可能需要在 2040 年之后才成规模的投入，但值得注意的是，为了达成中国 CO_2 排放达峰目标，需要持续在减缓类气候支出投入方面做出努力。其二，随着气候支出的动态演化，我国第三产业部门 CO_2 排放达峰时间应该早于 2030 年，而我国第二产业部门 CO_2 排放达峰时间应该大体为 2035 年左右。

第 5 章　气候损失评估方式的影响分析

气候政策的制定将受到气候损失评估的影响。我国作为全球 CO_2 排放量较大的国家，已经签署《巴黎协定》。同时，已经证实，全球气候变化大可能会对我国造成负影响，如农作物产出降低、极端事件风险加大等。当前，从国家层面如何评估气候损失成为学界研究气候变化领域的一个热点问题。第 3 章和第 4 章分别从气候政策的减排表现评估及权衡减缓和适应气候变化的投资路径两方面考察了我国应对气候变化的行动，本章将从综合评估模型引入不同气候损失评估方式的角度，对我国碳排放路径、能源结构变化、气候措施实施成本以及气候损失避免效果等方面进行研究分析，探索不同气候损失评估方式对国家层面的气候政策实施的影响程度。

5.1　问题的提出

气候系统变暖对于自然和人类生存系统具有广泛的影响，且对于大多数地区会呈现消极影响。此类消极影响主要指的是气候损失，具体包括水文系统、水资源、生物多样性、人类健康等方面的影响（Pachauri et al.，2014）。由全球气温上升所导致的气候损失在评估过程中存在较大的不确定性。当前，对于国家层面的气候损失评估俨然成为气候变化领域的研究热点和难点。在综合评估模型研究当中，Nordhaus（1993）提出一类经典的气候损失评估方式，利用全球平均温度相对工业革命前的上升数据评估对于全球经济的气候损失因子，并利用该气候损失因子和各国社会生产总值的乘积来量化该地区遭受的气候损失水平。基于此类评估方式，Manne 等（1995）将气候损失分为市场损失和非市场损失，其中市场损失主要指的是气候变化对于经济生产方面的影响水平，而非市场损失主要指的是气候变化对于生态环境系统方面的影响水平。类似 Nordhaus（1993）的研究，他利用气候影响的市场损失和非市场损失因子与地区生产总值的乘积来量化地区气候损失水平。随后，许多利用综合评估模型的研究工作均采用类似于这两种评估方式对全球或地区进行气候损失评估（van der Zwaan et al.，2002；Bosetti et al.，2006；Duan et al.，2014）。

　　然而，对于绝大多数国家，现代经济生产要素，如劳动力和农业资源等，与地区温度上升之间存在很强的非线性关系（Schlenker and Roberts，2009；Zivin and Neidell，2014）。因此，Burke 等（2015）从国家层面，提出了一种理论方法和方程来研究地区温度上升和地区经济增速之间的关系，以此评估地区气候损失。随后，Emmerling 和 Tavoni（2017）基于 Burke 等（2015）的研究，将地区气候损失评估引入综合评估模型，研究太阳辐射管理对于全球应对气候变化效果的影响。毋庸置疑，在利用不同气候损失评估模式时，综合评估模型对于地区气候损失水平的评估具有较大的差异。此类差异的大小将很大程度上影响国家层面的气候政策制定，尤其是对于那些具有较大气候易损性的国家，如中国等。

　　我国是全球 CO_2 排放量较大的国家，且已经被证实，我国有很大可能性会由于气候变化遭受负向经济影响。同时，在巴黎气候大会顺利召开之后，包括我国在内的许多国家在实施减缓和适应类气候措施的必要性上基本已经达成共识。在我国国家发展和改革委员会颁布的《中国应对气候变化的政策与行动 2016 年度报告》文件中，中国政府再次强调并明确国家层面应对气候变化的行动方针，并依据《巴黎协定》相关内容明确我国控制 CO_2 排放的目标。此外，我国政府指出适应气候变化措施是我国应对气候变化的主要举措，其主要内容具体包括：农业、水资源、林业和生态系统、海岸线防护、基础设施以及其他部门（国家发展和改革委员会，2016）。气候措施主要包括减缓和适应类措施，科学构建相关模型对气候措施进行预期研究，并对政策制定者理顺何时、何种程度实施二者组合政策具有非常重要的意义。

　　然而，现有的模型研究很少能够在研究气候变化领域将适应和减缓模块同时纳入模型构建当中。例如，DICE 模型和 RICE 模型利用流量刻画适应措施（de Bruin et al.，2009）。WITCH 模型则将适应措施细分为应急性适应行为、预期性适应行为和适应能力建设，并分别用流量和存量来刻画这些适应措施（Bosello et al.，2009）。到目前为止，现存的有关适应建模的模型并没有基于国家层面不同气候损失评估方式来提供对比分析。对于像我国这样的气候易损性较大的国家，需要立即开展减缓和适应措施来应对全球气候变化和本地区遭受气候损失等问题，因此，构建相关模型并引入不同气候损失评估方式，对我国气候政策的实施成本和应对效果分析具有非常重要的意义。

5.2　多种气候损失评估方式的引入

　　为了能更好地分析本章提出的研究问题，我们基于第 4 章改进的 DEMETER-MSAD，以及 Manne 等（1995）和 Burke 等（2015）提出的气候损失评估理论，将 Burke（2015）提出的气候损失评估方程引入我们的综合评估模型，并对我国气候措施的成本、应对气候变化效果以及碳排放等问题进行分析研究。改进后的模型框架如图 5.1 所示。

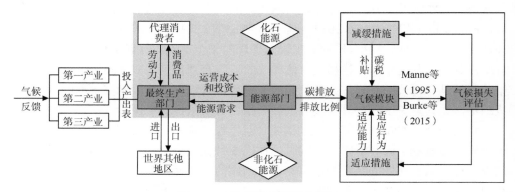

图 5.1　改进后的模型结构框架

　　类似于第 4 章改进后的 DEMETER-MSAD，基于成本-效益分析原则，本章模型的社会福利不仅仅反映人均消费水平，同时还考虑气候反馈水平，具体目标函数见第 4.3 节。为了研究不同产业部门的气候易损性，根据 Li 和 Lin（2013）研究中细分经济部门的方法，本章使用的模型仍然将经济部门细分为三个部门：第一产业、第二产业和第三产业部门。此外，基于 Nordhaus 和 Boyer（2000）提出的碳循环理论，建立大气层、浅海层和深海层循环模块，用于评估全球 CO_2 浓度，进而得到全球平均温度上升的结论。在 DEMETER-MSAD 中，我们外生给定我国和世界其他地区的碳排放份额路径，来估算世界其他地区的 CO_2 排放水平。同时，考虑到单国模型在考虑进出口的时候无法像全球模型一样将全球视为一个闭环，因此我们根据 Duan 等（2014）的研究，基于历史数据，外生设定我国进、出口的上下限来模拟我国的进、出口水平。

　　对于气候损失评估，两类气候损失评估方程被用于 DEMETER-MSAD 以评估我国遭受的气候损失。基于 Manne 等（1995）的研究工作，在综合评估模型中引入市场损失和非市场损失的评估模式，前者主要指气候变化对地区经济生产行为的影响，如农业生产、钢铁生产等；后者主要指气候变化对于生态和环境系统的影响，如对生物多样性和海岸线等的影响。因此，这里我们采用第 4 章关于市场损失和非市场损失评估方程的算法结构，详见 4.3 节。

　　此外，根据 Burke 等（2015）研究的关于经济增速和平均温度上升之间的倒"U"形曲线关系，另外一种气候因子评估方程被用于地区气候损失评估，见式（5.1）、式（5.2）：

$$\delta_{i,t} = g(T_{i,t}) - g(T_{i,0}) \tag{5.1}$$

$$g(T_{i,t}) = \alpha T_{i,t} + \beta T_{i,t}^{2} \tag{5.2}$$

其中，$\delta_{i,t}$ 表示考虑气候影响对人均 GDP 增速的气候因子；$g(\cdot)$ 表示温度和气候损失转换方程；$T_{i,t}$ 表示温度水平；$T_{i,0}$ 表示基准期 2010 年的温度水平；α 和 β 分别表示气候损失方程的参数。然而，由于大多综合评估模型的经济增速均为内生变量，此类气候损失影响难以直接刻画至综合评估模型。因此，本章根据 Emmerling 和 Tavoni（2017）的研究，将 Burke 等（2015）的研究结果引入综合评估模型当中。

Burke 等（2015）提出在使用柯布-道格拉斯或者 CES 生产函数的模型框架下，关于温度变化对经济增速影响的气候因子可以转化至传统综合评估模型的气候因子 $GDP_{i,t}^{net} = (1 - D_{i,t}^{Burke}) \cdot GDP_{i,t}^{gross}$ 中，见式（5.3）：

$$1 - D_{i,t}^{Burke} = \left(1 - D_{i,t-1}^{Burke}\right) \cdot \left(\frac{\delta_{i,t}}{1 + \eta_{i,t}} + 1\right) \tag{5.3}$$

其中，$D_{i,t}^{Burke}$ 表示气候损失因子；$\delta_{i,t}$ 表示气候损失作用于人均 GDP 增速的影响因子；$\eta_{i,t}$ 表示人均 GDP 的增速。因此，这两类气候损失评估模式均可引入 DEMETER-MSAD，见式（5.4）、式（5.5）：

$$TD_{i,t}^{Manne} = (MD_{i,t} + WTP_{i,t}) \cdot GDP_{i,t} \tag{5.4}$$

$$TD_{i,t}^{Burke} = D_{i,t}^{Burke} \cdot GDP_{i,t} \tag{5.5}$$

其中，$TD_{i,t}^{Manne}$ 表示根据 Manne 等（1995）研究得到的气候总损失；$TD_{i,t}^{Burke}$ 表示根据 Burke 等（2015）及 Emmerling 和 Tavoni（2017）研究得到的气候总损失；$D_{i,t}^{Burke}$ 表示根据 Burke 等（2015）及 Emmerling 和 Tavoni（2017）研究得到的气候总损失占 GDP 比例系数；$WTP_{i,t}$ 表示第 i 产业部门第 t 期非市场损失；$GDP_{i,t}$ 表示第 i 产业部门第 t 期增加值。

5.3　数据来源与说明

表 5.1 和表 5.2 详细介绍了主要宏观经济参数初始值和部门份额及相关能源技术参数。根据 Burke 等（2015）的研究，气候损失方程中参数 α 和 β 分别设置为 0.0127 和–0.0005。

表 5.1　2010 年主要宏观经济参数初始值和部门份额

参数	参数值	单位	部门份额			来源
			第一产业	第二产业	第三产业	
GDP	40.12	万亿元	10.80%	50.50%	38.70%	国家统计局（2011）
消费	27.72		8.73%	30.02%	61.25%	
进口额	9.47		3.15%	88.98%	7.87%	
出口额	10.70		0.70%	85.41%	13.89%	
研发占 GDP 的比例	1.50%		1.84%	91.64%	6.52%	
人口	13.41	亿人	36.70%	28.70%	34.60%	

表 5.2　相关能源技术参数介绍

名称	能源份额	能源价格/（元/tce）	LBD 学习率	LBS 学习率	排放因子 ε_t^F /（g/kJ）	年下降率 ε_t
化石能源	91.27%	2282.33	1%	1%	0.017	0.2%
非化石能源	8.73%	7387.26	20%	20%		

资料来源：Finley（2013）；国家统计局能源统计司（2011）

5.4　情景设置

为了探索不同气候损失评估方式对国家层面的气候政策实施的影响程度，本章设置四类情景。其一，POL_INDC_B 情景中的气候损失评估方程是基于 Burke 等（2015）研究设置的，其约束目标主要包括我国自主减排贡献目标和全球 450 ppmv 浓度目标以及残留损失目标。其二，基于与 POL_INDC_B 情景相同的约束目标，POL_INDC_M 情景中的气候损失评估方程是基于 Manne 等（1995）的研究设置的。另外，CBA_B 和 CBA_M 情景不包含任何气候政策努力，被作为参考情景，以核算上述两类政策情景的气候支出。

5.5　模拟结果的展示与分析

5.5.1　我国碳排放与能源结构的演变规律

图 5.2 展示了 CBA_B、CBA_M、POL_INDC_B 和 POL_INDC_M 情景下 2015 年至 2100 年期间我国 CO_2 排放量的变化趋势。如图 5.2 所示，对于两类 CBA 情景，不同气候损失评估方式所导致的 CO_2 排放路径存在较大的差异。例如，2050 年左右，CBA_B 和 CBA_M 情景的 CO_2 排放量分别为 26.85 Gt 和 35.65 Gt，差距

达到 8.80 Gt。然而，此类差异逐渐降低，直到 2065 年，CBA_M 情景下的 CO_2 排放量出现相对明显的下降趋势，并与 2100 年 CBA_B 情景相比，具有更低的 CO_2 排放量水平，其中 CBA_M 情景和 CBA_B 情景在 2100 年的 CO_2 排放量分别为 29.97 Gt 和 30.69 Gt。不同的是，由于 450 ppmv 浓度目标和碳排放达峰目标作为本模型外生约束目标，POL_INDC_B 和 POL_INDC_M 情景下的 CO_2 排放路径基本保持一致。从累积减排总量视角来看，基于 Burke 等（2015）关于气候损失评估研究设定的 POL_INDC_B 情景在 2015 年至 2100 年期间的累积 CO_2 减排量达到 295.38 Gt，而基于 Manne 等（1995）关于气候损失评估研究设定的 POL_INDC_B 情景在 2015 年至 2100 年期间的累积 CO_2 减排量达到 387.31 Gt，二者之间的差距达到 91.93 Gt。接下来，本章将展示不同情景下能源结构的演变规律。

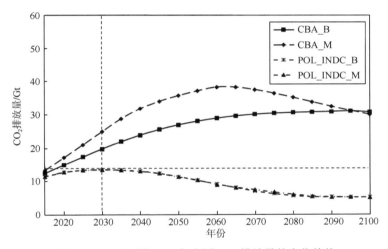

图 5.2　2015 年至 2100 年中国 CO_2 排放量的变化趋势

图 5.3 展示了 2015 年至 2100 年期间 CBA_B、CBA_M、POL_INDC_B 和 POL_INDC_M 情景下我国非化石能源占能源消耗总量比例的变化趋势。对于所有 CBA 情景，在 2015 年至 2100 年期间非化石能源占比逐渐上升。在 2040 年之前，CBA_B 和 CBA_M 情景的非化石能源占比之间的差距较小，2040 年两类 CBA 情景的非化石能源占比分别为 21.70% 和 22.60%。然而，从 2045 年开始，CBA_M 情景下的非化石能源占比相比于 CBA_B 情景出现更为明显的上升趋势。这是因为在 CBA_B 情景下更高水平的气候损失（图 5.4）会抑制用于提升非化石能源竞争力的相关投资。类似图 5.2 的分析，由于碳排放达峰目标和 450 ppmv 浓度目标外生设置于本模型，POL_INDC_B 和 POL_INDC_M 情景下非化石能源占比的变化路径大体保持一致。

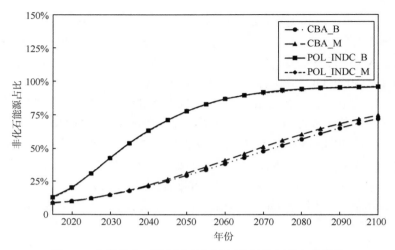

图 5.3　中国非化石能源占能源消耗总量比例的变化趋势

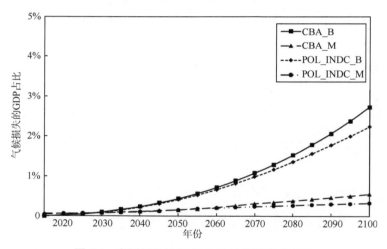

图 5.4　中国气候损失占 GDP 比例的变化趋势

5.5.2　不同损失评估方式的宏观经济影响

　　图 5.4 展示了 2015 年至 2100 年期间 CBA_B、CBA_M、POL_INDC_B 和 POL_INDC_M 情景下我国气候损失占 GDP 比例的变化趋势（四类情景下的 GDP 水平详见表 5.3）。不难发现，对于所有情景，气候损失占比均呈现上升趋势，但是不同的气候损失评估模式所得的气候损失占比呈现差别性的上升速率。对于 CBA 情景，2035 年之前 CBA_B 和 CBA_M 情景的气候损失占比之间的差距较小，其中 2035 年 CBA_B 和 CBA_M 情景的气候损失占比分别为 0.18% 和 0.11%。随

着 CBA_B 情景下气候损失的快速上升,2035 年至 2100 年期间两类气候损失评估模式下的情景所得的气候损失占比轨迹出现较大的差异。例如,在 2050 年,CBA_B 和 CBA_M 情景的气候损失占比分别为 0.45% 和 0.16%,差距达 0.29%。然后,这一差距逐渐增大,于 2100 年,CBA_B 和 CBA_M 情景的气候损失占比分别为 2.72% 和 0.57%,差距达 2.15 个百分点。类似地,在 2100 年,相比于 POL_INDC_M 情景,POL_INDC_B 情景具有更高的气候损失占比,POL_INDC_B 情景和 POL_INDC_M 情景下的气候损失占比分别达 2.24% 和 0.34%。

表 5.3　CBA_B、CBA_M、POL_INDC_B 和 POL_INDC_M 情景下的 GDP 和
非化石能源投资占 GDP 比例

情景	指标	2020 年	2040 年	2060 年	2080 年	2100 年
CBA_B	GDP/万亿元	70.48	184.38	388.38	717.78	1242.50
	非化石能源投资占 GDP 比例	3.52%	3.27%	2.94%	2.65%	2.23%
CBA_M	GDP/万亿元	75.35	211.15	452.70	800.64	1298.32
	非化石能源投资占 GDP 比例	4.16%	3.99%	3.40%	2.70%	2.14%
POL_INDC_B	GDP/万亿元	75.92	214.22	461.69	812.88	1310.47
	非化石能源投资占 GDP 比例	9.83%	9.26%	6.29%	4.04%	2.85%
POL_INDC_M	GDP/万亿元	75.94	214.57	463.09	815.27	1314.12
	非化石能源投资占 GDP 比例	10.06%	9.26%	6.23%	4.06%	2.85%

此类气候损失的动态演变可以解释图 5.2 中 CBA_B 和 CBA_M 情景的 CO_2 排放路径之间的差异。如表 5.3 所示,CBA_M 情景下的 GDP 水平高于 CBA_B 情景下的 GDP 水平,进而导致 CBA_M 情景相比于 CBA_B 情景具有更高的 CO_2 排放水平。然而,CBA_B 和 CBA_M 情景的 GDP 水平之间的差异逐渐下降,而且在 2080 年之前,CBA_M 情景下非化石能源投资占 GDP 比例相比于 CBA_B 情景下非化石能源投资占 GDP 比例更高。因此,在 2065 年至 2100 年期间 CBA_M 情景下 CO_2 排放量呈现逐渐下降的趋势。随后,我们将从气候损失避免水平及减缓和适应类气候支出等角度进行深入分析。

5.5.3　不同损失评估方式的最优损失避免量

POL_INDC_B 和 POL_INDC_M 情景中气候损失避免量被定义为分别相比于 CBA_B 和 CBA_M 情景的气候损失节约量。图 5.5 比较分析了 POL_INDC_B 和 POL_INDC_M 情景下减缓类和适应类措施的气候损失避免水平。如图 5.5 所示,在 2045 年以前,POL_INDC_B 情景下气候损失避免量的 GDP 占比相比于 POL_INDC_M 情景更低,且此期间没有适应类投资投入。此时适应气候损失避免

量的 GDP 占比的负值是由于模型中一般能力建设系数的设置而导致的。不同的是，在 2045 年以前，POL_INDC_B 情景下减缓类措施所导致的气候损失避免水平高于 POL_INDC_M 情景下减缓类措施所导致的气候损失避免水平。直到 2050 年，POL_INDC_B 和 POL_INDC_M 情景下的气候损失避免量均呈现较为快速的增长趋势。长期来看，无论是从减缓类还是适应类措施的气候损失避免量来看，相比于 POL_INDC_M 情景，POL_INDC_B 情景将会产生更高的气候损失避免量。

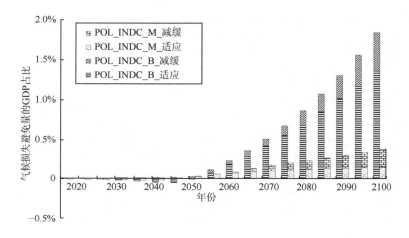

图 5.5　POL_INDC_B 和 POL_INDC_M 情景下的气候损失避免量占 GDP 比例

不难看出，POL_INDC_B 和 POL_INDC_M 情景下减缓类和适应类措施的气候损失避免量存在较大的差异。图 5.6 利用适应类和减缓类措施的气候损失避免量的差值来比较分析 POL_INDC_B 和 POL_INDC_M 情景下减缓类和适应类措施的气候损失避免量结构的差异性。在 2035 年之前，POL_INDC_M 情景下减缓类措施的气候损失避免量高于适应类措施的气候损失避免量，并且呈逐渐增加的趋势。2040 年至 2055 年，图 5.6 中所示的适应类和减缓类措施的气候损失避免量的差值逐渐上升。然而，在 2055 年至 2070 年期间，此差值又开始呈下降趋势。不难发现，2075 年至 2100 年期间，POL_INDC_M 情景下的减缓类措施的气候损失避免量又重新开始高于适应类措施的气候损失避免量，且差距越来越大。不同的是，在 POL_INDC_B 情景下，在 2045 年之前，减缓类措施的气候损失避免量均高于适应类措施的气候损失避免量。然后，在 2055 年之后，图 5.6 中所示的差值开始上升，即适应类措施的气候损失避免量高于减缓类措施的气候损失避免量。

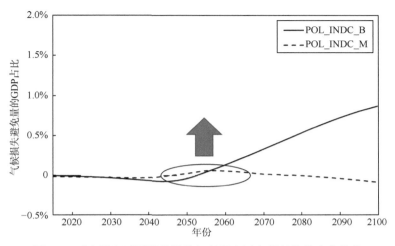

图 5.6　适应类和减缓类措施的气候损失避免量差值的变化趋势

5.5.4　不同损失评估方式的气候支出分配路径

图 5.7 展示了 POL_INDC_B 情景和 POL_INDC_M 情景下我国 2015 年至 2100 年气候支出占 GDP 的比例。不难发现，为了促使达成碳排放达峰目标，在 2030 年之前，无论是在 POL_INDC_B 情景还是 POL_INDC_M 情景下，气候支出占 GDP 的比例均呈现上升趋势。然而，在 2035 年之后，两类政策情景的气候支出占 GDP 的比例开始逐渐下降。这是因为模型优化机制中随着非化石能源竞争力的上升，化石能源消耗量会相对下降，进而导致对减缓类气候支出的需求量下降。在 POL_INDC_B 情景中，气候支出占 GDP 的比例于 2030 年左右达到峰值，这与 POL_INDC_M 情景下气候支出占 GDP 的比例于 2025 年达峰有所不同，且在此期间仅存在减缓类的气候支出投入。不难发现，POL_INDC_B 情景和 POL_INDC_M 情景下的气候支出占 GDP 的比例存在较大的差距，在 2015 年至 2100 年期间，POL_INDC_B 情景下的气候支出占比均高于 POL_INDC_M 情景下的气候支出占比。这是因为在 Burke 等（2015）提出的气候损失评估方式下，气候损失会被评估至较高水平（图 5.4），这也促使 POL_INDC_B 情景需要更多的气候支出以应对气候损失的影响。此外，在 POL_INDC_B 情景下，2045 年开始出现逐渐上升的适应类气候支出，这与 POL_INDC_M 情景中 2050 年开始出现一定规模的适应类气候支出有所不同。并且，POL_INDC_M 情景 2060 年至 2100 年期间的适应类气候支出呈现相对平稳的变化趋势。不难发现，POL_INDC_B 情景和 POL_INDC_M 情景下不同的适应类气候支出起始投资时间主要是在 450 ppmv 浓度目标和残留损失目标限制下模型优化选择的结果。为了应对更高程度的气候损失，POL_INDC_B

情景下在 2045 年之前会投入更多的减缓类气候支出，这也导致减缓类气候支出在此期间占 GDP 的比例处于较高的水平。接下来，本章将从部门的视角提供更多关于产业部门间气候支出结构的分析。

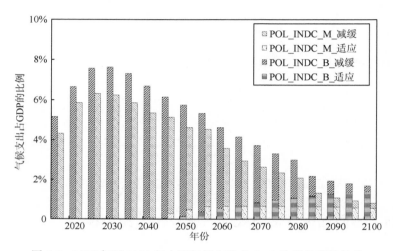

图 5.7　2015 年至 2100 年中国气候支出占 GDP 比例的变化趋势

如图 5.8 所示，POL_INDC_B 和 POL_INDC_M 情景下三类产业部门的气候支出占 GDP 的比例趋势与全国层面的气候支出占比的变化趋势类似，详见图 5.7。对于第一产业部门，POL_INDC_M 情景下适应类气候支出于 2045 年开始投入，而 POL_INDC_B 情景下适应类气候支出于 2055 年开始投入。并且，在 2045 年至 2080 年期间，POL_INDC_B 情景下适应类气候支出占 GDP 的比例相比于 POL_INDC_M 情景更低。但是随着 POL_INDC_B 情景下适应类气候支出投入的快速上升，在 2090 年至 2100 年期间，其适应类气候支出占 GDP 的比例高于 POL_INDC_M 情景下适应类气候支出占 GDP 的比例，且差距越来越大。类似的是，在 2035 年之前，POL_INDC_M 情景下减缓类气候支出占 GDP 的比例相比于 POL_INDC_B 情景处于更低水平。在 2035 年之后，POL_INDC_B 情景下减缓类气候支出占比呈现下降趋势。两类政策情景减缓类气候支出占 GDP 的比例之间的差距于 2040 年至 2065 年开始呈现收缩的趋势。2070 年之后，由于适应类气候支出成规模的出现，两类政策情景下的减缓类气候支出占 GDP 的比例均呈现逐渐下降的趋势。

对于第二产业部门，不同于全国层面（图 5.7）和第一产业部门（图 5.8）的气候支出占 GDP 比例的演变趋势，两类政策情景下第二产业部门的气候支出占 GDP 的比例的达峰时间更早，于 2025 年左右达峰。这是因为第二产业部门具有高碳排放的特点，由此，模型在优化选择的时候，需要在第二产业投入更多的气

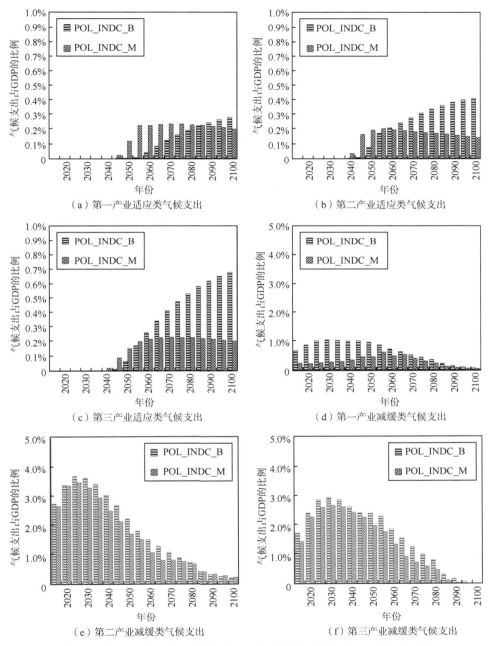

图 5.8　第一产业、第二产业和第三产业部门的气候支出占 GDP 的比例

候支出以控制 CO_2 的排放。类似于第一产业部门，第二产业部门 POL_INDC_M
情景下的适应类气候支出占 GDP 的比例在 2060 年之后呈现较为平稳的趋势，而

POL_INDC_B 情景下的适应类气候支出占 GDP 的比例在 2045 年之后呈现持续增长的趋势。在 2015 年至 2080 年期间，POL_INDC_B 情景下的减缓类气候支出占 GDP 的比例均高于 POL_INDC_M 情景下的减缓类气候支出占 GDP 的比例。然而，由于 POL_INDC_B 情景中适应类气候支出具有更强的挤出效应，在 2085 年之后，POL_INDC_B 情景下的减缓类气候支出占 GDP 的比例开始低于 POL_INDC_M 情景下的减缓类气候支出占 GDP 的比例。

对于第三产业部门，两类政策情景下的适应类气候支出占比的变化趋势与第二产业部门的趋势大体相同。不同的是，POL_INDC_B 情景下第三产业部门的适应类气候支出占比的增速更快。由于 Burke 等（2015）提出的气候损失评估方式所估算的气候损失相对较高，POL_INDC_B 情景下第三产业部门的减缓类气候支出占 GDP 的比例在 2015 年至 2100 年期间均高于 POL_INDC_M 情景下第三产业部门的减缓类气候支出占 GDP 的比例。

5.6　关键参数的敏感性分析

为了探索 Burke 等（2015）的研究理论中参数不确定性对于结果的影响，本章对其进行敏感性分析。Burke 等（2015）的气候损失评估方程中参数主要包括 α 和 β，且其被分别设置为 0.0127 和 –0.0005 ［详见 5.3 节和方程（5.2）］。为了研究这些主要参数的不确定性对于本章主要结果的影响，基于 POL_INDC_B 情景的约束条件和情景设置，我们在 α 和 β 参数值原水平基础上分别上下调整 1% 和 2% 的水平，得到八类敏感性分析情景。

图 5.9 展示了参数 α 和 β 不同调整水平下的我国气候损失占 GDP 比例的变化趋势。在所有情景下，随着参数 α 水平的降低或参数 β 水平的升高，气候损失占 GDP 的比例水平也会上升。这是因为，参数 α 为正值，参数 β 为负值 ［详见 5.3 节和方程（5.2）］，随着参数 α 的上升或者参数 β 的下降，气候变化的负向影响会进一步加重，进而导致气候损失占比水平上升。从 2040 年开始，五类不同水平的参数 α 和五类不同水平的参数 β 情景下的气候损失占 GDP 的比例之间的差距逐渐增大。在 2100 年，五类不同水平的参数 α 情景的气候损失占比从高至低分别为 2.50%、2.37%、2.24%、2.11% 和 1.98%，而五类不同水平的参数 β 情景的气候损失占 GDP 的比例从低至高分别为 1.94%、2.09%、2.24%、2.39% 和 2.55%。不难发现气候损失占 GDP 的比例对参数 β 数值的敏感性相比对参数 α 的敏感性更强。

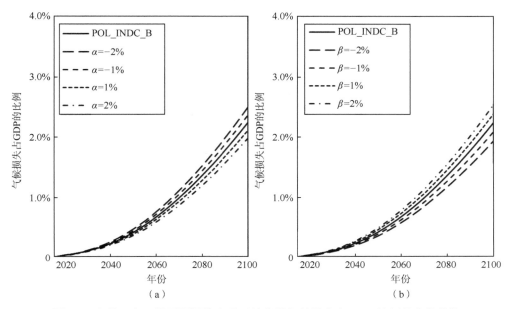

图 5.9　参数 α 和 β 的不同调整水平下的我国气候损失占 GDP 比例的变化趋势

　　图 5.10 展示了参数 α 和 β 在不同调整水平下适应类与减缓类措施的气候损失避免量占 GDP 比例的差值。如图 5.10 所示，在 2050 年之前，不同参数值情景下这一数值之间没有明显的差异，即减缓类措施的气候损失避免量均高于适应类措施的气候损失避免量。2050 年之后，随着适应类措施的气候损失避免量逐渐高于减缓类措施的气候损失避免量，不同参数值情景下的差异逐渐加大。并且，这一数值对于参数 β 数值的敏感性相比于对参数 α 数值的敏感性更强。在 2100 年，五类不同水平的参数 α 情景下适应类与减缓类措施的气候损失避免量占 GDP 比例的差值从高至低分别为 1.05%、0.96%、0.87%、0.78% 和 0.69%，而五类不同水平的参数 β 情景下适应类与减缓类措施的气候损失避免量占 GDP 比例的差值从低至高分别为 0.69%、0.80%、0.87%、0.98% 和 0.109%。

　　图 5.11 展示了参数 α 和 β 在不同调整水平下我国气候支出占 GDP 比例的变化趋势。在 2030 年以前，所有情景下气候支出占 GDP 的比例之间的差距相对较小，且随着参数 α 数值的下降或参数 β 数值的上升，我国气候支出占 GDP 比例会逐渐上升。这是因为参数 α 数值的下降或参数 β 数值的上升会导致更高的气候损失水平（图 5.9），进而导致更高水平的气候支出。2045 年之后，气候支出占 GDP 的比例在不同参数水平下的差距逐渐上升。不难发现，气候支出占 GDP 的比例对参数 β 数值的敏感性相比于对参数 α 数值的敏感性更强。

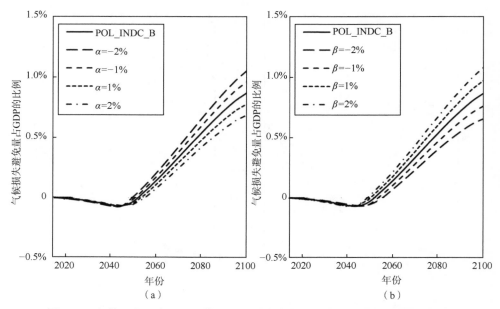

图 5.10　参数 α 和 β 在不同调整水平下适应类与减缓类措施的气候损失避免量
占 GDP 比例的差值

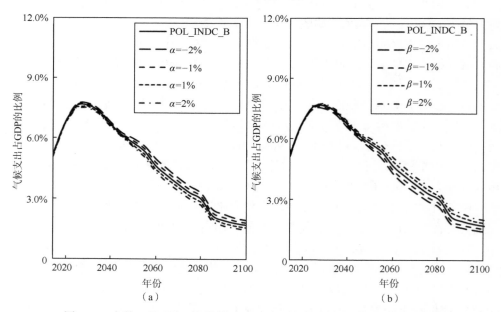

图 5.11　参数 α 和 β 在不同调整水平下中国气候支出占 GDP 比例的变化趋势

图 5.12 展示了参数 α 和 β 在不同调整水平下我国适应类气候支出占 GDP 比
例的变化趋势。如图 5.12 所示，所有情景下的适应类气候支出占 GDP 的比例呈

现与 POL_INDC_B 情景中大体相似的变化趋势，即于 2045 年开始出现一定规模的适应类气候支出，且 2050 年至 2100 年期间我国适应类气候支出水平逐渐上升。此外，随着参数 α 数值的下降或参数 β 数值的上升，适应类气候支出占比也会上升。在 2100 年，五类不同水平的参数 α 情景下我国适应类气候支出占 GDP 的比例从高至低分别为 1.60%、1.49%、1.38%、1.27% 和 1.16%，而五类不同水平的参数 β 情景下我国适应类气候支出占 GDP 的比例从低至高分别为 1.13%、1.25%、1.38%、1.55% 和 1.68%。

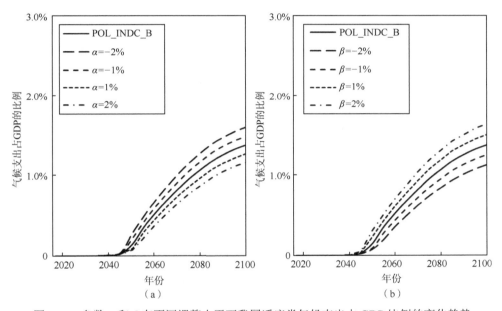

图 5.12　参数 α 和 β 在不同调整水平下我国适应类气候支出占 GDP 比例的变化趋势

5.7　本 章 小 结

　　气候系统变暖对于自然和人类生存系统具有广泛的影响，且对于大多数地区会呈现消极影响。而气候政策的制定将受到气候损失评估的影响。尤其是对那些具有较强气候易损性的国家和地区，如我国，作为全球 CO_2 排放量较大的国家，已经证实很大可能会受到全球气候变化的影响而产生气候损失，如农作物产出降低、极端事件风险加大等。因此，气候损失的评估对于研究气候变化领域相关问题具有非常重要的意义。然而，现阶段对于气候损失的评估存在不同的方式，较为合理的是 Burke 等（2015）提出的地区温度变化和经济增速之间关系的评估模式。此外，现存的有关适应建模的模型并没有基于国家层面对不同气候损失评估方式进行对比分析。对于像我国这样的气候易损性较大的国家，需要立即开展减缓和适应措施来应对全球气候变化和本地区遭受气候损失等问题，因此，构建相关综合评估模型并引入不同气候损失评估方式，对我国气候政策的实施成本和应对效果分析具有非常重要的意义。

本章基于 DEMETER-MSAD，将 Manne 等（1995）和 Burke 等（2015）提出的气候损失评估方程引入综合评估模型，以探索不同气候损失评估模块对于我国减缓和适应类气候变化措施的实施成本、应对效果等影响。通过模型分析，我们得到如下结论。

第一，通过 Burke 等（2015）提出的气候损失评估方程相比于通过 Manne 等（1995）提出的气候损失评估方程所评估的气候损失水平更高。如结果所示，两类气候评估方程所得的气候损失占 GDP 比例在 2100 年的差距达到 2.15 个百分点。这远远超过了以往研究估算 21 世纪末我国遭受的气候损失水平。不难发现，由于具有最多的人口和较大的国土面积，我国在未来遭受的气候损失存在巨大的不确定性。因此，在制定和实施气候政策时要充分考虑到未来巨大的潜在风险，以更好地应对气候变化带来的各种影响。

第二，在相同的浓度目标和我国碳排放达峰目标控制下，基于两类气候损失评估方程的政策情景所得排放路径和非化石能源占能源消耗总量比例路径大体一致。这主要是因为模型在优化时，外生给定了全球 450 ppmv 浓度目标和我国自主减排贡献目标，因此无论是在何种气候损失评估方程的政策情景下，模型所得的最优排放路径及非化石能源占能源消耗总量比例路径均呈基本一致的水平。也就是说，面对未来可能出现巨大气候损失的情况下，我国政策制定者不仅仅需要考虑碳排放和碳达峰及非化石能源占能源消耗总量比例的国家目标（因为这些目标制定之后，难以降低未来气候损失的巨大不确定性和风险）。政策制定者还需要考虑制定并实施具体的气候应对措施，如减缓和适应类气候变化措施的投资行动等。

第三，基于 Burke 等（2015）提出的气候损失评估方程的政策情景下，随着 2045 年开始出现一定规模的适应类气候支出，适应类措施的气候损失避免量在 2045 年之后逐渐超过减缓类措施的气候损失避免量。这与利用传统气候损失评估方式得到的结果差异较大，即仅仅在 2045 年至 2070 年期间，适应类措施的气候损失避免量高于减缓类措施的气候损失避免量，其他期间，减缓类措施的气候损失避免量均处于更高的水平。这一结论提醒研究学者和政策制定者不仅仅需要重视减缓类应对气候变化措施，同样需要重视适应类措施应对气候变化的效果，尤其是在 21 世纪中后期，需要依靠更多的适应类措施才能更好地应对可能出现的巨大气候损失。

第四，在 Burke 等（2015）提出的气候损失评估方程的政策情景下，需要投入更高水平的气候支出以应对更高的气候损失评估水平。第一产业、第二产业和第三产业部门间的气候支出水平也同样高于在 Manne 等（1995）提出的气候损失评估方程的政策情景下的气候支出水平。本章利用社会福利最大化的目标函数，且基于成本-效益分析原则，优化减缓和适应类气候支出的投资组合。不难发现，无论是何种气候损失评估方程，均可发现当前需要持续投入减缓类气候支出以完成我国自主减排贡献和全球浓度控制目标,而到 21 世纪中期需要开展投入一定规模的适应类气候支出，这样的投资组合的经济成本更低，而这一结论在一定程度上具有鲁棒性。然而，不同的是，在 Burke 等（2015）提出的气候损失评估方程的政策情景下，在 2045 年出现一定规模适应类气候支出之后，其水平需要持续增加，以应对相比 Manne 等（1995）提出的气候损失评估方程估算水平更高的气候损失。

第五，通过分析主要结果对 Burke 等（2015）提出的气候损失评估方程关键参数的敏感性，我们发现对参数 β 敏感性更强。不难发现，Burke 等（2015）提出的气候损失评估方程主要参数的不确定性对于本章主要结果的趋势性没有太大的影响，包括：气候损失、碳排放、非化石能源占能源消耗总量比例、气候支出结构以及气候损失避免量。但是在 2045 年之后，包括气候损失、气候支出以及气候损失避免量等主要结果在 Burke 等（2015）提出的气候损失评估方程的政策情景和 Manne 等（1995）提出的气候损失评估方程的政策情景之间的差距逐渐增大。由此，为了更好地应对气候变化问题，政策制定者在制定气候政策时不仅需要考虑何时投入,而且需要根据未来可能出现的不确定性考虑气候支出的合理投入量。

第6章 全球–中国多区域综合评估建模与分析

自巴黎气候大会顺利召开之后,全球各国在积极开展相关措施应对气候变化上已达成更深的共识。全球各国的经济和技术发展存在较大的差异,其不同地区的经济发展和资源禀赋也存在较大的差异。因此,我们非常有必要构建相关多区域模型研究全球及我国不同地区在应对气候变化背景下经济发展和能源技术演变的规律。第 3 章、第 4 章和第 5 章利用第 2 章建立的 DEMETER-China 对我国应对气候变化行动进行评价研究,本章则基于第 2 章建立的全球–中国多区域 WITCH-China 模型,根据地区经济发展和资源禀赋的差异性,将我国划分为东、中、西三部分,以研究在全球温控目标下我国不同地区的能源技术演化和碳排放路径的变化规律,同时对比我国和世界其他地区的宏观经济水平受到气候变化影响的差异性。

6.1 问题的提出

全球气候变化的特点主要表现为长期性、全球性、环境损害性、技术依赖性和不确定性。其中,环境损害性、技术依赖性和不确定性都会由于全球各地区的经济发展和能源技术演变的不同特征而体现出相应的地区特征。应对和解决气候变化问题势必需要考虑和研究各个国家和区域经济体的减排行为、替代能源技术发展、碳排放水平以及能源消费状况等。因此,全球多区域综合评估模型的构建对研究气候变化问题具有非常重要的意义。Manne 等(1995)构建的 MERGE 就是全球多区域综合评估建模研究的代表模型,其基于 Ramsey-Solow 模型框架构建而得,一方面将能源技术模块细分为电力和非电力,并将多类低碳能源技术引入模型能源技术模块;另一方面还对气候损失进行量化评估,并将其细分为市场损失和非市场损失。Nordhaus 和 Yang(1996)建立的 RICE 模型也是经典的全球多区域综合评估模型。除了基于 DICE 模型将全球进行区域细分之外,他们还对模型的经济生产机制、能源价格机制设计以及碳循环和气候损失之间的关系建立等方面进行了较大的改进。此外,Bosetti 等(2006)建立的 WITCH 模型也是此类研究领域的又一典型模型。其将自底而上和自顶而下两种模型框架相结合,并根据具体的研究问题将全球细分为 12~15 个区域。然而，随着全球经济的快速发展，各国的经济水平和能源技术已经发生了巨大的变化。我国各地区由于资源禀赋和经济结构的差异，能源技术演变以及可能遭受的气候损失水平也各不相同。因此，不仅需要在全球多区域建模研究的基础上对全球应对气候变化措施影响进行分析，还需要重点考虑类似我国这样的碳排放大国，以及其各地区在气候变化背景下的经济发展和能源技术演变轨迹的差异。

目前，控制 CO_2 排放的方法主要包括提高能源利用效率、控制化石能源的消耗量、积极发展无碳或低碳能源技术以及碳捕获与封存技术。不难发现，长期来看，控制温室气体排放最根本的方式还是积极发展无碳和低碳的能源技术，以降低对传统化石能源（煤炭、石油和天然气）的需求和依赖。那么，为进一步考虑全球各地区和我国地区之间的经济和能源技术特点，应该如何建立包含我国地区特征的全球多区域综合评估模型？在全球温控目标约束下，我国和世界其他地区的经济发展和能源使用会遭受多大的影响？为了减缓 CO_2 排放以达到温控目标，我国的能源技术结构将会出现何种变化，我国各地区之间的能源结构调整会有多大的差异？全球各地区和我国的能源技术演变会呈现何种轨迹？这些都是本章试图去研究和解决的问题。

6.2　数据来源与情景设置

相比 WITCH 模型，WITCH-China 模型主要在地区划分上对我国的东部、中部和西部地区进行细分。本书基于 WITCH 模型各地区宏观经济和能源技术的数据，以及《中国统计年鉴—2015》（国家统计局，2015）和《中国能源统计年鉴—2015》（国家统计局能源统计司，2015），对于我国各地区的数据进行整理，其中包括 GDP、人口以及各类能源使用量等，详见表 6.1。

表 6.1　2005 年和 2010 年中国东部、中部、西部及全国主要数据

主要数据		2005 年				2010 年			
		西部	中部	东部	全国	西部	中部	东部	全国
GDP/万亿美元		0.39	0.53	1.35	2.27	0.87	1.13	2.68	4.68
人口/亿人		3.63	4.25	5.19	13.07	3.60	4.25	5.53	13.38
发电能源/（TW·h）	煤炭	407.55	535.10	1032.31	1974.96	778.90	867.38	1572.39	3218.67
	石油	0.91	1.20	53.46	55.56	1.41	2.30	15.21	18.92
	天然气	7.03	3.20	6.59	16.81	11.69	12.50	70.15	94.34
	核能	0.00	0.00	139.63	139.63	0.00	0.00	194.32	194.32
	风能	2.07	0.67	2.37	5.11	58.77	20.76	50.40	129.93

续表

主要数据		2005 年				2010 年			
		西部	中部	东部	全国	西部	中部	东部	全国
发电能源/（TW·h）	PV	0.0018	0.0007	0.0007	0.0032	1.57	0.04	0.46	2.07
	CSP	0.00	0.00	0.00	0.00	0.00	0.00	0.00	0.00
	水能	555.48	291.81	196.94	1044.23	1010.47	530.84	358.26	1899.57
一次能源/（TW·h）	煤炭	1854.68	2925.42	3142.12	7922.22	2925.56	3761.95	4334.15	11021.66
	石油	615.69	735.81	2319.90	3671.41	926.01	857.80	3261.00	5044.80
	天然气	256.27	62.94	136.95	456.16	455.82	151.39	335.44	942.65
	生物燃料	4.45	6.13	5.32	15.90				
	生物质能	755.55	691.95	799.73	2247.22				

资料来源：国家统计局（2015）；国家统计局能源统计司（2015）；Dudley（2015）；Emmerling 等（2016）

注：　CSP 的英文全称为 concentrated solar power，译为聚光太阳能热发电

　　此外，根据 Nordhaus（2013）更新的碳循环模块的校准，WITCH-China 模型假设了气候模块的相关参数。对于我国和其他地区的人口和 GDP 或地区生产总值的预测路径，本章基于基准 WITCH 模型所引入的共享社会经济路径（shared socio-economic pathways，SSP）五类情景进行假设。我国人口和 GDP 预测路径具体见图 6.1 和图 6.2，此外，图 6.3 和图 6.4 分别展示了 SSP2 情景下我国三地区的人口和生产总值趋势路径。

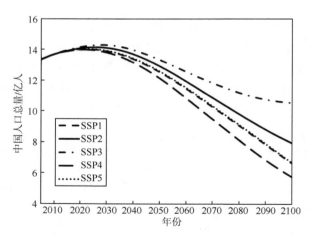

图 6.1　中国人口的预测路径

　　此外，本章选择五类 SSP 情景中适中的 SSP2 情景作为 WITCH-China 模型中各地区生产总值和人口趋势情景。基于 SSP2 情景，我们设定基准情景以及全球 2100 年平均温度上升 2℃ 的约束情景，考察在全球温控目标下，我国各地区和全

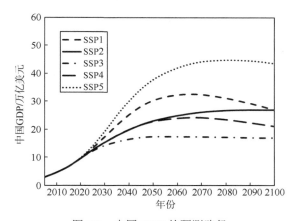

图 6.2　中国 GDP 的预测路径

资料来源：WITCH 模型数据库（Emmerling et al.，2016）

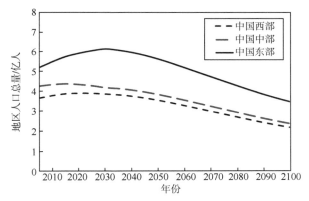

图 6.3　SSP2 情景下中国三地区人口的预测路径

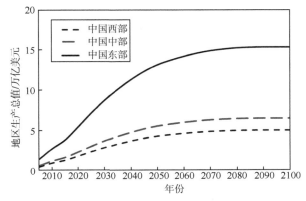

图 6.4　SSP2 情景下中国三地区生产总值的预测路径

资料来源：国家统计局（2015）；WITCH 模型数据库（Emmerling et al.，2016）；OECD 数据库（Dellink et al.，2017）

球其他地区的经济发展、能源技术演变以及碳排放的动态演变。

6.3　模拟结果的展示与分析

6.3.1　基准情景

在基准情景下，2100 年我国西部、中部和东部地区的地区生产总值分别达到 5.08 万亿美元、6.49 万亿美元和 15.35 万亿美元。如图 6.5 所示，三地区的地区生产总值均呈现增长趋势，但是地区生产总值水平的高低存在一定的差异，东部地区的地区生产总值水平处于最高水平，其次是中部地区，西部地区的地区生产总值水平处于较低的水平。从我国 GDP 占全球生产总值的比例路径来看，基准情景下中国的经济水平相较于全球水平处于更高的增长趋势，在 2040 年以前，中国 GDP 占全球生产总值的比例呈现快速增长的趋势，并于 2040 年达到峰值 16.95%。2045 年至 2100 年期间，该比例逐渐下降，并于 2100 年降至 8.92%水平。

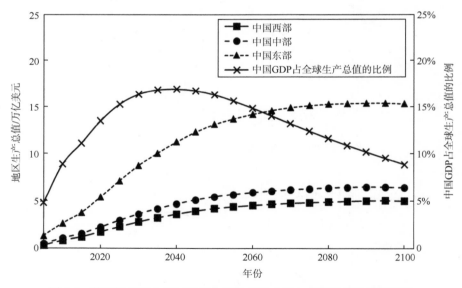

图 6.5　基准情景下中国三地区生产总值及中国与全球比例的变化趋势

图 6.6 展示了基准情景下中国三地区一次能源消费量以及中国与全球比例的变化趋势。类似于三地区生产总值之间的差异，东部地区的一次能源消费量处于最高的水平，其次是中部地区，西部地区的一次能源消费量处于较低的水平。不难发现，由于 GDP 水平的逐渐上升（图 6.5），作为经济生产过程中最为重要的投

入要素之一，中国三地区的一次能源消费量均在 2035 年前呈现上升趋势，并于 2035 年左右达到峰值，西部、中部和东部地区 2035 年一次能源消费量分别为 18 366.19 TW·h、21 163.46 TW·h 和 43 975.88 TW·h。从 2040 年至 2100 年，我国三地区（西部、中部、东部）的一次能源消费量开始逐渐下降。这是因为，在模型地区社会福利最大化的目标约束下，地区的经济生产效率和能效的提升使得单位生产总量的能耗下降。此外，类似我国 GDP 占全球生产总值的比例路径，我国占全球一次能源消费量的比例也呈现先增后减的趋势，在 2025 年达到峰值 34.96%。然后，2030 年至 2100 年期间该比例逐渐下降，并于 2100 年降至 10.16%。

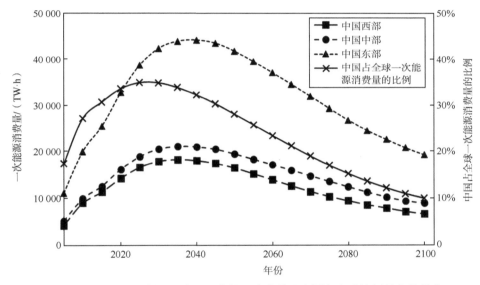

图 6.6　基准情景下中国三地区一次能源消费量及中国与全球比例的变化趋势

图 6.7 展示了基准情景下我国三地区 CO_2 排放水平及我国与全球比例的变化趋势。类似我国三地区一次能源消费的变化趋势，三地区的 CO_2 排放量均呈现先增后减的趋势，具体如下。在 2040 年以前，西部、中部和东部地区的 CO_2 排放水平均呈现上升趋势，于 2040 年达到峰值，分别达 1.80 Gt、2.20 Gt 和 3.15 Gt。在 2045 年至 2100 年期间，三地区的 CO_2 排放水平逐渐下降。在此期间，我国一次能源消费量也呈现下降趋势（图 6.6），因此化石能源消费下降进而导致此期间中国三地区的 CO_2 排放水平逐渐下降。不难发现，东部地区的 CO_2 排放量处于最高水平，其次是中部地区的 CO_2 排放量，西部地区的 CO_2 排放量处于较低水平。从我国 CO_2 排放量与全球排放量的比例路径来看，在 2030 年以前，基准情景下我国 CO_2 占全球 CO_2 排放量的比例呈逐渐上升趋势，并于 2030 年达到峰值 43.22%。2035 年至 2100 年期间，其排放占比逐渐下降，于 2100 年下降至 14.53%。

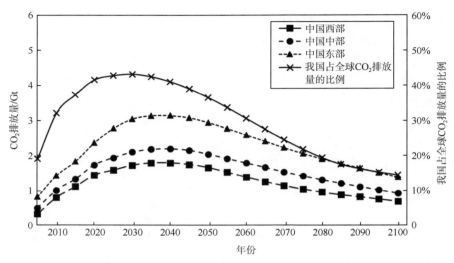

图 6.7　基准情景下我国三地区 CO_2 排放水平及我国与全球比例的变化趋势

6.3.2　全球温控目标对我国各地区经济和能源消费的影响

图 6.8 展示了 2℃温控情景下 2020 年至 2100 年期间全球和我国西部、中部以及东部地区生产总值的变化比例（以基准情景水平为参考）。不难发现，相比于基准情景，2℃温控情景下无论是全球还是我国的 GDP 在 2020 年至 2100 年期间均呈现下降趋势，且下降幅度逐渐增大。其中，2℃温控情景下全球的 GDP 下降幅度相比于我国的 GDP 下降幅度相对较小，具体如下，2℃温控情景下 2020 年全球

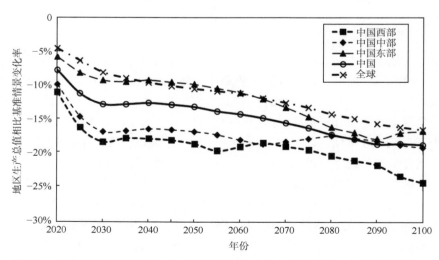

图 6.8　2℃温控情景下全球及中国三地区生产总值的变化比例（相比基准情景）

GDP 相比于基准情景下降 4.59%，2100 年全球 GDP 相比于基准情景下降 16.53%；
2℃温控情景下 2020 年我国 GDP 相比于基准情景下降 7.77%，2100 年全球 GDP
相比于基准情景下降 18.71%。

　　此外，从我国三地区层面来看，2065 年以前，我国西部地区 2℃温控情景下
地区生产总值相比于基准情景下降幅度最大，其次是我国中部地区，我国东部地
区 2℃温控情景下地区生产总值相比于基准情景下降幅度则相对较小。然而，2070
年至 2100 年期间，我国中部地区生产总值的下降幅度逐渐减缓。

　　图 6.9 展示了 2℃温控情景下 2020 年至 2100 年期间全球和我国西部、中部以
及东部地区一次能源消费的变化比例（以基准情景水平为参考）。不难发现，相比
于基准情景，2℃温控情景下无论是全球还是我国三地区的一次能源消费在 2020
年至 2100 年期间均呈现大幅下降的趋势。这是因为，在 2℃温控目标的约束下，
全球层面及作为碳排放大国的我国，均需要通过控制化石能源消费以减缓温室气
体的排放。从全球角度来看，全球一次能源消费在 2020 年至 2100 年期间得到有
效的控制，且全球一次能源消费的下降趋势逐渐加强。具体如下，相比于基准情
景，在 2℃温控情景下全球一次能源消费的变化比例路径在 2020 年至 2100 年
期间大体呈现逐渐下降的趋势，即在此期间，全球的一次能源消费量的下降趋
势将逐渐增大，其中，2020 年全球一次能源消费的变化比例为–43.54%，下降
至 2100 年的–61.37%。

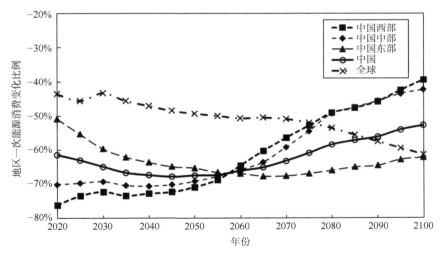

图 6.9　2℃温控情景下全球及中国三地区一次能源消费的变化比例（相比基准情景）

　　此外，从我国全国层面来看，我国一次能源消费在 2020 年至 2100 年期间得
到有效的控制，但是随着经济水平的逐渐上升，作为经济生产中的必要投入要素，
我国一次能源消费的下降趋势有所减缓。具体如下，相比于基准情景，在 2℃温

控情景下我国一次能源消费的变化比例路径在 2020 年至 2045 年期间呈现逐渐下降的趋势（图 6.9），并于 2045 年达到最低水平，大约为–67.89%。在 2050 年至 2100 年期间，该情景下我国一次能源消费相比于基准情景的变化比例路径呈现逐渐上升的趋势，并于 2100 年达到–52.70%。从我国三地区来看，2℃温控情景下地区一次能源消费相比基准情景也得到了有效的控制，在中部地区变化比例路径总体呈现上升趋势。在 2060 年以前，我国西部地区的一次能源消费量的下降比例最大，其次是中部地区，东部地区的下降比例最小。2065 年至 2100 年期间，随着中部和西部地区的一次能源消费下降趋势减缓，中部和西部地区的一次能源消费量的下降幅度相比东部地区更小。这是因为东部地区所需的能源投入，尤其是化石能源投入更高，而中部和西部地区的可再生能源资源更为丰富（如水能、太阳能、风能等），因此在 2060 年以前中部和西部地区以化石能源为代表的一次能源消费量能够得到最大的控制，而东部地区的一次能源消费量的下降幅度则相对较小。然而，随着非化石能源竞争力的上升，东部地区的一次能源消费量的下降幅度则进一步增大。

6.3.3 全球及我国低碳能源技术的最优发展路径

图 6.10 展示了 2℃温控情景下 2020 年至 2100 年期间我国与全球低碳能源技术消费量的比例路径。不难发现，我国水电、核电、风电以及太阳能发电在 2020 年至 2100 年期间的发展非常迅速，其占全球该能源技术消费量的比例也处于较高的水平。这是因为，我国作为碳排放大国，同时是最大的发展中国家，为达成 21 世纪末全球平均温度上升不超过 2℃的约束目标，需要投入更多的低碳或者无碳能源技术。同时，我国也是全球经济总量第二大的国家，近年来我国经济的快速增长，也需要更多的能源投入以完成经济生产。因此，21 世纪末我国低碳能源技术的消费量占全球比例也将处于较高的水平。

具体来看，对于风电，2℃温控情景下我国风电消费量占全球比例呈先增后减的趋势。在 2020 年至 2035 年期间，风电消费量占全球比例呈现上涨趋势，并于 2035 年达到峰值，大约为 40.04%。2040 年至 2100 年期间，我国风电消费量占全球比例有所下降，于 2100 年降至 16.33%。对于水电，由于我国水资源相对比较丰富，2020 年至 2100 年期间我国水电消费量占全球比例呈稳步上升趋势，从 2020 年的 23.26% 上升至 2100 年的 26.79%。对于太阳能发电，我国的太阳能发电的消费量占全球比例于 2030 年达到峰值，大约为 26.31%，2035 年至 2100 年期间我国的太阳能发电消费量占全球比例逐渐下降，并于 2100 年降至 5.02%。对于核电，类似于太阳能发电的消费量占全球比例变化趋势，我国核电消费量占全球比例于 2035 年达到峰值，大约为 20.78%，2040 年至 2100 年期间我国核电消费

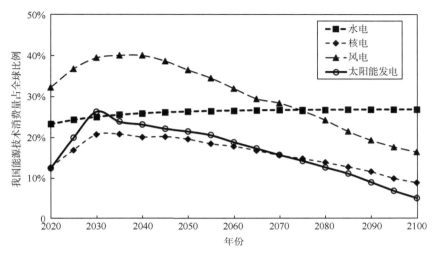

图 6.10　2℃温控情景下我国和全球低碳能源技术消费量的比例路径

量占全球比例逐渐下降，并于 2100 年降至 8.80%。接下来，我们将从我国西部、中部和东部的地区层面探索我国各地区的低碳能源技术发展轨迹。

　　图 6.11 展示了 2℃温控情景下 2020 年至 2100 年期间我国西部地区五类低碳能源技术消费量的变化趋势。不难看出，在 2℃温控情景下，我国西部地区低碳能源技术消费量具有较大的增长，其中最为明显的是风电。在 2020 年至 2045 年期间，我国西部风电的消费量呈现快速上涨趋势，从 2020 年的 751.48 TW·h 上升至 2045 年的 2997.93 TW·h。2050 年至 2070 年期间，我国西部地区风电消耗量的上升趋势收缓。2075 年至 2100 年期间，我国西部地区风电消耗量呈现逐渐下降的趋势，从 2075 年的 3113.41 TW·h 下降至 2100 年的 2497.63 TW·h。我国西部地区的水电消费量在 2020 年至 2100 年期间呈现持续缓慢上升的趋势，从 2020 年的 523.64 TW·h 上升至 2100 年的 1144.90 TW·h。此外，2020 年至 2065 年期间，我国西部地区光伏发电的消费量呈现逐渐上升趋势，并于 2065 年达到峰值，峰值水平为 501.41 TW·h。2070 年至 2100 年期间，我国西部地区光伏发电的消费量逐渐下降，并于 2100 年降至 313.72 TW·h。类似光伏发电的发展路径，我国西部地区 CSP 发电的消费量在 2020 年至 2055 年期间呈现逐渐上升趋势，并于 2055 年达到峰值，峰值水平为 180.79 TW·h。在 2060 年至 2100 年期间我国西部地区 CSP 发电的消费量呈现逐渐下降趋势，并于 2100 年降至 77.99 TW·h。最后，根据我国核电厂的分布特点，核电发展主要集中在我国东部地区（图 6.12），我国西部和中部地区的核电发展较低（图 6.11 和图 6.13）。

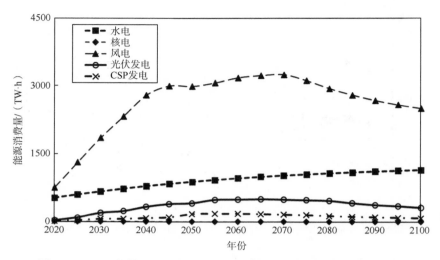

图 6.11　2℃温控情景下我国西部地区低碳能源技术消费量的变化趋势

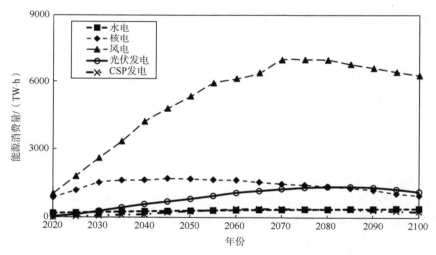

图 6.12　2℃温控情景下我国东部地区低碳能源技术消费量的变化趋势

　　图 6.13 展示了 2℃温控情景下 2020 年至 2100 年期间我国中部地区五类低碳能源技术投入量的变化趋势。类似我国西部地区的低碳能源技术的发展趋势，在 2℃温控情景下，我国中部地区风电投入量占非化石能源技术投入量的比例处于最高水平。具体如下，在 2020 年至 2050 年期间，我国中部风电的消费量呈现快速上涨趋势，从 2020 年的 658.02 TW·h 上升至 2050 年的 3158.30 TW·h。2055 年至 2070 年期间，中国中部地区风电消费量的上升趋势收缓。2075 年至 2100 年期间，我国中部地区风电消费量呈现逐渐下降的趋势，从 2075 年的 3290.15 TW·h 下降至 2100 年的 2421.20 TW·h。但是，不同于我国西部地区，我国中部地区的水电

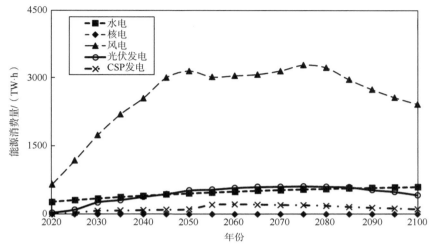

图 6.13　2℃温控情景下我国中部地区低碳能源技术消费量的变化趋势

技术发展相对较缓，这是因为我国中部地区的水资源更为丰富，可用于发电的水能潜力巨大。我国中部地区的水电消费量在 2020 年至 2100 年期间呈现持续缓慢上升的趋势，从 2020 年的 275.09 TW·h 上升至 2100 年的 601.46 TW·h。

此外，2020 年至 2075 年期间，我国中部地区光伏发电的消费量呈现逐渐上升趋势，且于 2050 年开始我国中部地区光伏发电的消费量开始超过水电的消费量。但是，2080 年至 2100 年期间，随着我国中部地区光伏消费量的逐渐下降，其消费量又开始低于我国中部地区的水电消费量。类似我国西部地区，我国中部地区 CSP 发电的消费量在 2020 年至 2060 年期间呈现逐渐上升趋势，并于 2060 年达到峰值，峰值水平为 215.39 TW·h。在 2065 年至 2100 年期间我国中部地区 CSP 发电的消费量呈现逐渐下降的趋势，并于 2100 年降至 106.55 TW·h。

图 6.12 展示了 2℃温控情景下 2020 年至 2100 年期间我国东部地区五类低碳能源技术消费量的变化趋势。与我国西部和中部地区的五类低碳能源技术发展趋势不同的是，2℃温控情景下我国东部地区的低碳能源技术在 2020 年至 2100 年期间具有更高的增长趋势。在此期间风电再次成为我国东部地区低碳能源技术中消耗量最高的能源技术，在 2020 年至 2075 年期间，其呈快速增长趋势，于 2075 年达到峰值，大约为 6996.21 TW·h。在 2080 年至 2100 年期间，我国东部地区风电消费量出现缓慢下降趋势，并于 2100 年下降至 6292.80 TW·h。此外，不同于我国西部和中部地区，由于东部地区具有较多的核电厂分布，该地区的核能发展更为迅速。并在 2080 年以前持续成为东部地区非化石能源技术消费水平仅次于风电的能源技术。

在 2020 年至 2085 年期间我国东部地区的光伏发电消费量逐渐上升，并于

2085 年达到峰值 1362.62 TW·h，2090 年至 2100 年期间其消费量缓慢下降，于 2100 年降至 1141.52 TW·h。对于 CSP 发电，在 2020 年至 2075 年期间我国东部地区的 CSP 发电消费量逐渐上升，并于 2075 年达到峰值 390.97 TW·h，2080 年至 2100 年期间其消费量缓慢下降，于 2100 年降至 273.49 TW·h。最后，对于水电，在 2020 年至 2100 年期间我国东部地区的水电消费量逐渐上升，从 2020 年的 185.65 TW·h 上升至 2100 年的 405.92 TW·h。

6.4　本　章　小　结

本章利用全球-中国多区域综合评估模型，即 WITCH-China 模型，将我国分为三个区域（西部、中部和东部地区），从 21 世纪末全球 2℃温控目标约束的视角，考量全球和我国三地区的经济发展和能源使用遭受的影响程度，并进一步研究我国西部、中部和东部地区未来低碳能源技术（风电、核电、水电、光伏发电和 CSP 发电）的发展路径。通过模型模拟，我们得到以下主要结论。

第一，全球和我国为达成 2℃温控目标，需要付出较大的经济成本，且 GDP 的下降幅度会逐渐增大，相比于基准情景，我国中部地区生产总值的下降幅度在 2070 年以后会逐渐减少。其中，2℃温控情景下全球 GDP 相比于基准情景的下降幅度由 2020 年 4.59%增大至 2100 年 16.53%。然而，我国的 GDP 下降幅度相比于全球层面的 GDP 下降幅度更大。2℃温控情景下我国 GDP 相比于基准情景的下降幅度由 2020 年 7.77%增大至 2100 年 18.71%。此外，从我国西部、中部和东部地区层面来看，类似全国层面 GDP 下降比例的变化趋势，我国东部地区和中部地区生产总值的下降幅度也呈增大态势。在 2065 年以前，我国西部地区在 2℃温控目标的约束下，其地区生产总值相对基准情景的下降幅度最大，其次是中部地区生产总值的下降幅度，我国东部地区生产总值在此期间的下降幅度较小。在 2070 年之后，西部地区的地区生产总值下降幅度有所上升。

第二，除了需要付出较大的经济成本外，为应对全球气候变化问题，全球层面及作为碳排放大国的中国，均需要通过控制化石能源消费以减缓温室气体的排放。从全球层面来看，全球一次能源消费在 2020 年至 2100 年期间得到有效的控制，且全球一次能源消费的下降趋势逐渐加强，其下降幅度由 2020 年的 43.54%增加至 2100 年的 61.37%。从我国国家层面来看，我国一次能源消费在 2020 年至 2100 年期间得到有效的控制，但是随着经济水平的逐渐上升，作为经济生产中的必要投入要素，我国一次能源消费的下降趋势有所减缓。从我国东部、中部和西部地区层面来看，2℃温控情景下地区一次能源消费相比基准情景也得到有效的控制，其中，中部地区和西部地区变化比例路径总体呈现上升趋势，东部地区变化比例路径呈现先降后升的趋势。由于东部地区所需的能源投入，尤其是化石能源投入更高，而中部和西部地区的可再生能源资源更为丰富，因此在 2060 年以前中部和西部地区以化石能源为代表的一次能源消耗量能够得到最大的控制，而东部地区的一次能源消耗量的下降幅度则相对较小。然而，随着非化石能源竞争力的上升，东部地区的一次能源消费量的下降幅度则进一步增大。

此外，为了应对气候变化问题，作为碳排放大国，为达到 2℃温控目标，我国低碳能源技术的消费量在未来将占全球相应低碳能源技术总消费量较高的比例。我国是全球经济总量第二大的国家，近年来我国经济快速增长，也需要更多的能源投入以完成经济生产。因此，21 世纪末我国低碳能源技术的消费量占全球比例也将处于较高的水平。首先，我国风电的消费量占全球比例呈先增后减的趋势，于 2035 年达到峰值，约为 40.04%。其次，由于我国水资源相对比较丰富，2020年至 2100 年期间我国水电消费量占全球比例呈稳步上升趋势，从 2020 年的 23.26%上升至 2100 年的 26.79%。此外，我国的太阳能发电消费量占全球比例于 2030 年达到峰值，约为 26.31%，2035 年至 2100 年期间我国的太阳能发电消费量占全球比例逐渐下降，并于 2100 年期间降至 5.02%。最后，类似于太阳能发电的消费量占比变化趋势，我国核电消费量占全球比例于 2035 年达到峰值，约为 20.78%，2040年至 2100 年期间我国核电消费量占全球比例逐渐下降，并于 2100 年降至 8.80%。

第三，我国各地区均需要大力发展低碳或无碳能源技术，以减缓由化石能源燃烧所产生的温室气体排放，其中，风电在我国乃至各地区低碳能源技术发展中将起到关键的作用，地区间的低碳能源技术发展路径存在较大的差异。此外，由于地区资源禀赋和经济发展的差异性，我国各地区在 2℃温控目标下的低碳能源技术发展路径存在较大的差异性。对于我国西部地区，除了风电发展迅速之外，由于未来水电资源可利用的潜在空间较大，西部地区水电消费量处于持续稳定的上涨趋势，从 2020 年的 523.64 TW·h 上升至 2100 年的 1144.90 TW·h。此外，光伏和 CSP 发电消费量呈先升后降的趋势，其中，我国西部地区光伏的能源技术消费量低于该地区未来风电和水电的消费量，但高于 CSP 的消费量。对于我国中部地区，类似我国西部地区低碳能源技术的发展趋势，风电消费量仍然占非化石能源技术消费量的最大比例。但不同于西部地区，中部地区的水电技术受资源禀赋的影响，发展较为缓慢。而中部地区光伏发电和 CSP 发电消费量也呈现先增后减的趋势，且中部地区光伏发电消费量于 2050 年至 2080 年期间超过本地区水电的消费量。对于我国东部地区，与西部和中部地区不同的是，东部地区的经济发展水平最高，因此其在 2℃温控情景下低碳能源技术具有更高的消费水平。此外，在宏观经济成本压力较大的前期，核电将成为东部地区能源需求中重要的投入要素。然而随着能源技术的进一步发展，我国东部地区光伏的消费量在 2085 年以后将超过该地区的核电消费量。

第7章　综合评估模型应用研究的进一步探讨

气候变化问题不仅涵盖温度上升、环境污染以及极端事件发生等有关人类生存环境方面，而且会对人类经济活动造成巨大的影响，而综合评估模型的构建就是试图从更为全面的角度来阐述和研究这些问题。为了研究不同的问题，学者在构建综合评估模型时往往需要重点刻画研究的重点模块，如在研究减缓和适应行为的优化选择中需要很好地刻画减缓和适应气候变化模块。因此，在构建相关模型时，如何有针对性地刻画合适的分析模块对于气候变化领域的建模研究具有非常重要的意义。此外，除了理论建模方面，综合评估建模对于相关应用研究以及为决策制定者提供政策建议方面均具有非常重要的意义。因此，本章基于前面中国综合评估模型和全球-中国多区域综合评估模型对我国各地区、各部门层面乃至全球层面应对气候变化问题的相关分析，进一步对此类模型在理论建模、应用研究和政策设计方面做深入探讨，以对今后的气候变化背景下此类建模研究提供更为详细和全面的借鉴。

7.1　问题的提出

由于复杂性和多学科领域交叉性，有关气候变化的研究从一个具有争议性的应用学科，转化成一个包含地缘、政治、经济、环境等多方面综合的科学问题。综合评估模型的构建就是为了满足学科领域越来越复杂的研究需求，试图从更为全面的角度来刻画并分析这些相关问题。具体来看，研究气候变化问题需要综合考虑大气环境、海洋环境、陆地环境、人类社会生存环境和人类经济活动组成的复杂系统，因此，作为考虑要素最为全面的综合评估模型，被广泛应用于研究气候变化影响的研究当中。传统综合评估模型的主要目的是刻画人类消费、经济生产等社会体系，并描述全球气候变化的碳循环体系以及量化评估其反馈损失。然而，面对气候变化的全球性、长期性、地区和部门的差异性，以及现代社会和地区政府实施的气候措施的多样性，综合评估模型的构建越来越重视多部门化、多区域化以及多政策模块化等方面的建模和应用研究。

综合评估模型的研究始于美国经济学家 Nordhaus 于 1974 年构建的动态气候

经济综合模型 DICE 模型和国际应用系统分析研究所于 20 世纪 70 年代左右发展的能源供给替代系统及其环境影响模型 MESSAGE。他们将气候系统、经济生产系统整合在统一的框架当中，以此模拟并评估相应政策应对气候变化问题的效果。综合评估模型的相关应用研究经过 40 多年的发展，在研究不同气候约束情景下的经济增长、能源技术演化、碳排放路径变化以及气候损失评估等方面具有非常广泛的应用实践。因此，越来越多的工作报告和学术研究均基于综合评估模型的构建和分析结果来开展。

　　20 世纪 90 年代左右，许多学者在综合评估模型构建方面继续开展一系列相关研究。例如，Peck 和 Teisberg（1992）开发的碳排放轨迹评估（carbon emissions trajectory assessment，CETA）模型，1992 年剑桥大学商学院的 Hope（霍普）教授为研究欧盟问题而发展的 PAGE 模型（Hope et al.，1993），随后，英国政府基于 PAGE 模型的结果于 2006 年发布《斯特恩报告》，为进一步深入气候变化领域的研究迈出坚实的一步（Stern，2007）。此外，包括 OECD、FEEM 等各大机构以及 Nordhaus、Manne（曼内）等知名学者均在以前模型的基础上构建了新的综合评估模型，如 RICE 模型、MERGE、PAGE2000、WITCH 模型等。此外，越来越多利用综合评估模型进行的研究发表在世界权威期刊上，如 Murphy 等（2004）和 Stocker（2004）构建包含不确定性的气候模型的相关研究发表在 Nature《自然》期刊中，Dowlatabadi 和 Morgan（1993）关于对利用综合评估模型研究气候变化问题的综述以及 Kerr（1999）对美国气候模型演变的综述评论研究均发表在 Science（《科学》）期刊中。

　　不难发现，综合评估模型的构建对于研究具有复杂性和多学科领域交叉性的气候变化领域具有非常重要的意义。然而，目前对于综合评估模型的使用往往是依据问题导向，一些较为详细的模型，如 RICE 模型、MERGE 以及 WITCH 模型等，虽然所刻画的模块较多，但是在研究某些特定的问题时，如减缓或适应政策评估、不确定性冲击、土地利用等方面，会将其他相关性较弱的模块简化。那么，通过前几章有关综合评估模型的实际研究工作，本书到底对今后气候变化背景下的建模研究有多少参考价值和理论依据？接下来，我们将通过界定综合评估模型的应用边界，对理论建模、应用研究和政策设计方面做进一步探讨。

7.2　综合评估模型的应用边界

　　除了能够刻画人类消费、经济生产等社会体系，综合评估模型还在描述全球气候变化的碳循环体系以及量化评估其反馈损失方面具有较好的实用性。此外，面对气候变化的全球性、长期性、地区和部门的差异性，以及现代社会和地区政府实施的气候措施的多样性，综合评估模型的构建需要在多部门化、多区域化以及多政策模块化等方面引起更多的重视。接下来，图 7.1 将详细展示综合评估模型的应用边界。

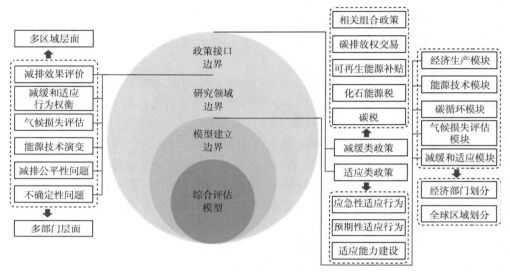

图 7.1　综合评估模型的应用边界

　　首先，对于综合评估模型建立边界，本书主要从经济部门和全球-中国地区细分的两个层面，对于经济生产模块、能源技术模块、碳循环模块、气候损失评估模块以及减缓和适应模块进行详细刻画，并对其之间的交互关系做了进一步描述。具体来说，综合评估模型的建模主体主要由经济、能源和气候三模块进行交互组合。经济生产过程需要投入所需的能源，同时产生以 CO_2 为主的温室气体，进而增加大气层中的温室气体浓度，并通过温室效应导致全球平均温度的上升。此外，气候变化问题对于经济生产和生态环境造成一定的负向反馈，因此，在建立综合评估模型时，除了考虑经济-能源-气候系统的建立，还需要进一步刻画气候损失评估模块以及适应模块，以评估气候损失的经济水平。然而，不同经济部门和不同地区的能源消费、CO_2 排放以及气候易损性存在很大的差异，因此为了更好地研究应对气候变化措施的效果，还应该从经济部门和全球区域划分的角度对综合评估模型进行拓展。

　　其次，对于综合评估模型的政策接口边界，根据本书建立的模型可以看出，利用综合评估模型研究应对气候变化问题时，主要需要刻画两类政策接口，即以减缓行为和适应行为为主的气候政策接口。具体来看，减缓类政策接口的刻画主要包括对碳税、化石能源税、可再生能源补贴、碳排放权交易和相关组合政策的描述，以便研究在全球温控目标和地区排放控制目标的约束下，如何实施这些减缓政策以满足社会福利最大化的目标。适应类政策接口的刻画主要包括对应急性适应行为、预期性适应行为和适应能力建设等方面的投资进行描述。这是因为，随着气候变化所导致的经济损失越来越大，减缓措施不足以完全应对气候变化所带来的消极影响，而不同地区更需要具体的适应措施以适应气候损失。而这些适应措施通常包括应急性适应行为、预期性适应行为以及适应能力建设等方面的投资。因此，为了更好地研究减缓类和适应类气候措施对于气候变化问题的应对效果，综合评估模型政策接口的刻画需要纳入减缓和适应类政策接口。

　　最后，对于综合评估模型的研究领域边界，通过前文对于模型构建和政策接口的描述，不难发现，利用本书构建的综合评估模型可以从全球-中国多区域层面和不同经济部门层面，对我国减缓类气候政策和适应类气候措施进行应对效果的评价，并进一步权衡我国第一产业、第二产业和第三产业部门减缓类和适应类支出的最优路径。此外，气候损失评估具有较大的不确定性，因此，利用我们构建的综合评估模型还可以对不同气候损失评估模式下的最优气候行动进行详细权衡，以得出更具鲁棒性的气候政策组合。当然，我国各地区的经济发展和能源技术水平存在较大的差异，利用本书构建的全球-中国多区域综合评估模型还可以对我国乃至全球不同地区的低碳能源技术演变进行相关研究。

7.3　实际应用的进一步讨论

　　本书第 2 章至第 6 章分别通过建立中国综合评估模型（DEMETER-China 和 DEMETER-MSAD）以及全球-中国多区域综合评估模型（WITCH-China 模型），从多经济部门和多区域层面，对我国气候政策的减排效果评价、减缓和适应行为权衡、气候损失影响效果，以及我国乃至全球的低碳能源技术演变等问题进行研究分析。无论从模型建立方面，还是学术研究和政策建议方面均能为今后气候领域的综合评估建模研究提供较多的参考价值。接下来，我们将分别从理论建模方面、应用研究方面以及政策设计方面对综合评估模型的实际应用作进一步讨论。

7.3.1　理论建模方面

　　对于理论建模方面，通过本书第 2 章至第 6 章建立的中国综合评估模型和全球-中国多区域综合评估模型可知，此类综合评估模型的构建需要考虑从经济部门划分和区域划分两个层面刻画经济生产模块、能源技术模块、碳循环模块、气候损失评估模块，以及减缓和适应模块等（图 7.1）。接下来，我们将从这几个角度对综合评估模型的理论建模方面提供相关启示。

第一，对于目标函数的设置，综合评估模型中的处理方式基本类似，通过人均消费的贴现来表示社会福利。这是一种经典的成本-效果分析的优化方法，即在应对气候变化过程中的宏观经济成本最小化。然而，实施气候措施在产生经济成本的同时，会通过减缓或者适应气候损失达到避免或减少气候经济损失的目的，进而产生一定的潜在收益。因此，在设定社会福利最大化的目标函数时，不仅需要考虑人均消费水平，还应如本书第 2 章至第 6 章建立的综合评估模型一样，将气候反馈也考虑至目标函数当中。这样不仅可以更加准确地刻画地区社会福利的程度，同时也能更好地为权衡多种气候措施提供优化基础，如减缓和适应气候变化措施。

第二，对于经济生产模块，一般综合评估模型将经济部门简化至一个整体，忽略不同经济部门之间的差异。这种差异在气候变化领域主要表现在能源消费、碳排放水平以及气候易损性方面，尤其是在考虑减缓和适应气候变化措施时（具体见第 4 章和第 5 章），不同经济部门遭受的气候损失不同，其投入的气候支出也存在较大的差异。当然，由于综合评估模型的构建主要用于研究气候变化等相关问题，且气候变化具有长期性，如果过于细化经济部门，会较大地增加模型动态非线性优化的复杂度。因此，考虑到经济部门之间气候易损性等方面的差异，本书第 4 章和第 5 章将基准综合评估模型中的经济部门扩展为第一产业、第二产业和第三产业部门。通过技术参数的校准和设置，充分考虑不同经济部门之间的能源消费、碳排放水平以及气候易损性差异，以便更好地研究多部门层面应对气候变化的研究问题。

第三，对于能源技术模块，综合评估模型中的处理方式大体是将能源投入视为生产要素，并将其以 CES 复合形式考虑至生产函数当中。当然，有部分学者也采用其他的方式来刻画能源技术，如 logistic 曲线的方式（Duan et al.，2013）。本书第 2 章至第 6 章主要采取前者，以 CES 复合形式将能源技术投入刻画至生产函数，以研究多种能源技术之间的替代关系。此外，对于内生能源技术演变，一般需要考虑技术本身的进步以及政策激励下的技术进步，这里就需要涉及 LBD 和 LBS 的双因素学习曲线的构建（见第 2 章）。除此之外，地区之间的技术溢出效应也会影响到能源技术进步的快慢，因此，在具备多区域层面的综合评估模型构建中，还需要刻画不同地区之间技术溢出效应所引起的内生技术进步（见第 6 章）。

第四，对于减缓和适应模块，较少的综合评估模型会考虑这块的建模机制。这是因为，在巴黎气候大会之前，全球各地区政府更为重视通过减缓温室气体排放以控制气候变化的进程。然而，随着气候变化的愈演愈烈，单纯依靠减缓措施很难完全避免现阶段以及未来的潜在损失。因此，综合评估模型需要构建减缓和适应模块，以研究和权衡减缓和适应气候变化措施。通常来说，在综合评估模型中通过碳税或可再生能源补贴等政策来促进低碳能源技术演变以控制化石能源消费所产生的温室气体。目前，本书第 4 章和第 5 章通过"流量"和"存量"变量来刻画不同类型的适应投资，包括应急性适应行为、预期性适应行为和适应能力建设投资，并以其 CES 组合形式来评估适应系数。

第五，对于气候损失评估模块，传统综合评估模型主要依据 Nordhaus（1993）或者 Manne 等（1995）提出的气候损失评估模式，即由全球平均温度上升评估损失因子，并以损失因子和地区生产总值的乘积来量化地区气候损失。然而，对于绝大多数国家，现代经济生产要素，如劳动力和农业资源等，与地区温度上升之间存在很强的非线性关系（Schlenker and Roberts，2009；Zivin and Neidell，2014）。因此，Burke 等（2015）从国家层面，提出了一种理论方法和方程来研究地区温度上升和地区经济增速之间的关系，以此评估地区气候损失。因此，需要基于 Manne 等（1995）和 Burke 等（2015）提出的评估模式来构建综合评估模型的气候损失评估模块（见第 5 章）。

第六，由于气候变化具有全球性，无论是单区域模型还是全球多区域模型，在构建碳循环模块时，均需要考虑全球碳排放。在构建单区域综合评估模型时，除了要内生得到本地区的碳排放路径，还要通过设定本地区和世界其他地区的排放比路径，来模拟全球碳排放。此外，通过调整碳排放比还可以研究地区和世界其他地区一致性行动的不确定性对于应对气候变化的效果（见第 3 章）。当然，建立全球多区域综合评估模型，可以更好地在多区域层面来研究应对气候变化背景下地区经济发展和能源技术演变的变化规律。此外，对于我国这样的温室气体排放大国，国内不同地区由于资源禀赋和经济发展的不同，其应对气候变化时所呈现的经济发展和能源技术演变轨迹也各不相同，因此，在建立全球多区域综合评估模型时还需要考虑将我国主要地区进行细分（见第 6 章），如分为东部、中部和西部地区。

7.3.2　应用研究方面

在应用研究方面，通过本书的研究不难发现，构建综合评估模型研究气候变化问题主要涉及地区气候措施的减排表现评价、减缓和适应策略的权衡、气候损失评估、多种能源技术的演变规律以及气候变化领域的不确定性对于结果的影响等方面。接下来，我们将从这几个角度对综合评估建模的学术研究方面提供相关启示。

第一，对于地区气候措施的减排表现评价方面，综合评估建模研究往往基于成本-效果分析的角度分析减排政策实施的宏观经济成本，且通常是利用实施相应措施之后的 GDP 损失来刻画该成本。然而，在实施减排政策之后，会有效控制碳排放，减缓由温室气体排放所引起的温室效应，进而降低气候反馈导致的地区损失。由此，仅从成本有效性分析角度来评价气候措施的减排表现难以全面地比较分析各类气候措施的优劣。因此，对于评价地区气候措施减排表现的研究，还需要从成本-效益分析角度考察这些措施的成本收益比，并与成本-效果分析角度的评价结果进行对比。此外，在评价政策的减排表现时，传统研究总是忽略不同政策减排贡献水平之间的差异，然而这一差异很大程度上可以体现实施减排政策的效果差异。因此，需要将三种减排选项的减排贡献率纳入政策评价的指标体系当中，以此为政策制定者在设计和制定相应气候措施时，提供更为全面和详细的理论依据（具体见第 3 章）。

第二，从减缓和适应策略的权衡角度，以往研究往往忽略适应策略对于应对气候变化的重要性。即便是在综合评估模型中构建适应模块时，也通常将经济部门视为一个整体，在优化经济部门的气候支出以及碳排放轨迹时，忽略部门间的差异性，尤其是不同部门能源消费、碳排放程度以及气候损失易损性的差异。此外，适应气候变化策略具有多样性，主要包含应急性适应行为、预期性适应行为和适应能力建设。其中，应急性适应行为主要是用于应对现阶段已产生的气候损失，如制冷、热系统建设等。预期性适应行为则主要对未来可能产生的气候损失进行前期准备，以更好地适应未来潜在气候损失，如预警系统的建设和海墙的建设等。适应能力建设不同于预期性适应行为，其并不是基于对未来可能产生的气候损失进行前期评估，而是通过相关研发投入或能力建设以提升地区整体的适应能力，如抗旱农作物的研发投入等。因此，在研究减缓和适应策略的权衡问题时，除了需要从不同经济部门细分的角度刻画经济部门气候支出的差异，还需要更为详细地刻画适应策略的具体措施（见第 4 章和第 5 章）。

第三，从地区气候损失评估角度，传统综合评估模型往往通过影响经济总量的气候损失因子评估来量化地区气候损失。如本书第 5 章所示，对于绝大多数国家，现代经济生产要素，如劳动力和农业资源等，与地区温度上升之间存在很强的非线性关系。也就是说，温度上升所评估得到的气候因子往往是通过影响地区经济增速而实现经济反馈的。然而，地区气候损失评估的大小，在很大程度上会影响地区减缓和适应措施应对气候变化的效果。因此，在研究和量化地区气候损失时，有必要考虑作用于经济总量和经济增速的气候因子对于气候损失评估大小以及地区气候措施的应对效果的影响差异。

第四，目前有很多关于多种能源技术演变轨迹的相关建模研究，主要是通过刻画包含 LBD 和 LBS 的学习曲线内生技术进步，以研究地区能源技术之间的替代关系。然而，面对全球不同国家，乃至我国主要地区间的经济发展不平衡和资源禀赋的差异，很少有研究着重探讨全球温控目标约束下区域间经济发展的变化以及低碳能源技术的演变规律。作为全球最大的能源消费国，我国东部、中部和西部地区的经济发展呈现很大的不平衡状况，且能源资源也存在较大的差异。因此，非常有必要在全球多区域层面下，细分并研究我国主要地区的低碳能源技术演变规律，具体如本书第 6 章所示。

第五，对于气候变化领域的不确定性研究，其涉及的方面较多，如主要能源价格波动、地区间气候行动一致性和气候损失评估等的不确定性，均可能会对地区乃至全球应对气候变化策略的选择造成较大的影响。因此，在研究和评价气候措施的应对效果或者优化不同气候策略的投资组合时，需要考虑此类不确定性对于主要结果的影响程度，以得到较具有鲁棒性的结论。尤其对于评估气候损失，参数的不确定性会直接影响地区遭受气候反馈的程度，进而影响地区气候策略最优化选择路径的鲁棒性。因此，在研究此类问题时，需要对气候损失方程中的主要参数进行灵敏性分析，以探究其不确定性对于结果的影响程度（见第 5 章）。

7.3.3　政策设计方面

用于研究气候领域的综合评估模型，其主要政策接口包括对减缓行为和适应行为的刻画，具体表现为：碳税、化石能源税、可再生能源补贴、碳排放权交易以及相关组合的减缓类政策接口，应急性适应行为、预期性适应行为以及适应能力建设投资模块的适应类政策接口。基于 7.3.1 节和 7.3.2 节关于理论建模和应用研究方面启示的归纳，并通过本书第 3 章至第 6 章的研究结论，本节为气候领域的政策设计提供相关启示。

首先，在制定和实施我国减缓措施时，需要从成本-效果分析和成本-效益分析多重角度来评价这些措施的应对效果。对于固定碳税、动态碳税以及碳税-可再生能源补贴组合三类政策，单从成本-效果分析指标来看，组合政策具有更低的减排成本。然而，当考虑气候政策的成本-效益分析时，具体的政策偏好对于减排政策的选择会表现出不同的指向性。由于减排前期非化石能源的竞争力无法在短时间内得到有效的提升，相比于组合政策，无论是固定碳税还是动态碳税，减排前期均可通过增加更多的化石能源成本来抑制化石能源的使用，进而在前期完成更多的减排任务，以至于实施单一碳税政策具有更低的成本收益比。因此，由第 3 章分析结果可知，当政策制定者关注 GDP 损失的成本-效益分析时，应当主要考虑制定碳税和可再生能源的组合政策。然而当政策制定者更为关注消费损失、能源投资上升或者能源成本与应对气候变化所得的潜在收益之间的成本-效益分析时，应当更为注重设计和制定单一的碳税政策。

其次，对于我国这样的碳排放大国，其制定的本地区气候政策对于全球应对气候变化行动的效果同样具有较大的影响。因此，相关政策制定者在制定本国气候政策时，需要考虑我国和世界其他地区应对气候变化一致性行动的差异性对于本国气候策略减排效果评估的影响。由本书第 3 章的分析结果可知，随着我国相对于世界其他地区的减排压力增加，我国各类减缓政策的减排成本会上升。但是，我国减排所导致的气候收益也会随着减排压力的增加而上升，因此从成本-效益分析的角度来看，当我国相对于世界其他地区的减排压力增加时，我国气候政策的部分成本-效益分析结果会相对下降。反之，当我国相对于世界其他地区的减排压力下降时，我国气候政策的部分成本-效益分析结果会相对上升。对于政策制定者，在制定相关气候政策时，除了需要考虑不同政策成本-效果分析和成本-效益分析的差异，还需要将我国和世界其他地区应对气候行动一致性程度纳入考量当中。考虑到我国当前的发展形势，制定合适的气候政策，取决于政策制定者的关注点。多角度的政策评价，可以为政策制定者提供更加详细、全面的借鉴。

此外，在制定我国减缓和适应气候变化投资最优策略时，制定者需要从成本-效益分析角度优化考量两类气候支出的先后顺序。由本书第 4 章主要结果可知，为了实现社会福利最大化和控制 21 世纪末全球平均气温上升 2℃ 的目标，我国政策制定者应当从现阶段就开展持续性的减缓类气候支出投入，并于 2040 年左右投入一定规模的适应类气候支出，以更好地应对气候变化所带来的经济损失。从长期的角度来看，我国制定和实施包含减缓和适应措施的投资组合能够更好地应对与避免本国遭受的气候损失，且 2050 年末也能实现更低的 CO_2 排放总量水平。同时，从我国不同经济部门气候支出的应对效果来看，随着气候支出的动态演化，我国第三产业部门 CO_2 排放达峰时间应该早于 2030 年，而我国第二产业部门 CO_2 排放达峰时间应该大体为 2035 年左右。部分学者在研究我国产业排放时认为如果需要使得我国 CO_2 排放于 2030 年左右达峰，需要促使第二产业部门 CO_2 排放提前达峰。然而，第三产业部门在我国总体经济结构调整政策的约束下将扮演越来越重要的角色。在这一国家层面的经济结构调整约束下，产业部门面临着去高耗能、高排放强度和高污染部门的状况，而那些具有更高标准技术水平和高增加值的产业部门将得到大力发展。此外，第二产业部门的大部分产品被作为中间产品投入在某些第三产业部门广泛使用，如房地产和交通行业等。面对逐渐扩张的第三产业部门（部分由公共政策推动），我们将会难以控制第二产业部门的 CO_2 排放峰值。本书第 4 章从部门的视角为政策制定者提出了一个新的想法和选择来实现我国 CO_2 排放达峰目标。

再次，从本书第 5 章结果来看，传统综合评估模型可能低估我国遭受的气候损失评估，这使得相关政策制定者在设计我国减缓类和适应类气候措施时，可能需要加大这些措施的实施力度和投入规模。当考虑全球平均温度上升所评估的气候因子和经济增速之间的气候反馈模式时，相比于传统气候损失评估模式，其所得 2100 年的气候损失占 GDP 的比例差距达 2.15 个百分点。并且，在 Burke 等（2015）提出的气候损失评估方程的政策情景下适应类措施的气候损失避免量在

2045 年之后均高于减缓类措施的气候损失避免量。这一结论提醒研究学者和政策制定者不仅需要重视减缓类应对气候变化措施，同样需要重视适应类措施应对气候变化的效果，尤其是在 21 世纪中后期，需要依靠更多的适应类措施才能更好地应对可能出现的巨大气候损失。此外，在相同的浓度目标和我国碳排放达峰目标控制下，基于两类气候损失评估方程的政策情景所得排放路径和非化石能源占能源消耗总量比例路径大体一致。也就是说，在面对未来可能出现巨大气候损失的情况下，我国政策制定者不仅仅需要考虑碳排放达峰和非化石能源占能源消耗总量比例的国家目标，因为这些目标制定之后，难以降低未来气候损失的巨大不确定性和风险。因此，政策制定者还需要考虑制定并实施具体的气候应对措施，如减缓和适应类气候变化措施的投资行动等。综上所述，由于具有较多的人口和较大的国土面积，我国在未来遭受的气候损失存在巨大的不确定性。因此，在制定和实施气候政策时要充分考虑到未来巨大的潜在风险，以更好地应对气候变化带来的各种影响。

最后，在制定本国各地区的低碳能源技术发展规划时，政策制定者需要充分考虑地区经济发展的不平衡性和资源禀赋的差异性，有针对性地制定本地区低碳能源技术的发展规划。由第 6 章分析结果可知，作为碳排放大国，为达到 2℃温控目标，我国低碳能源技术的消费量在未来将占全球相应低碳能源技术总消费量较高的比例，且风电将成为我国未来低碳能源技术发展的关键点。然而，我国各地区低碳能源技术的发展趋势存在较大的差异，对于我国西部地区，除了风电发展迅速之外，由于未来水资源可利用的潜在空间较大，西部地区水电消费量将呈现持续稳定的上涨趋势，对于我国中部地区，类似我国西部地区低碳能源技术的发展趋势，风电消费量仍然占非化石能源技术消费量的最大比例。但不同于西部地区，中部地区的水电技术受资源禀赋的影响，发展较为缓慢。而中部地区光伏发电和 CSP 发电消费量也呈现先增后减的趋势，且中部地区光伏发电消费量于 2050 年至 2080 年期间超过本地区水电的消费量。对于我国东部地区，与西部和中部地区不同的是，东部地区的经济发展水平最高，因此其在 2℃温控情景下低碳能源技术具有更高的消耗水平。此外，在宏观经济成本压力较大的前期，核电将成为东部地区能源需求中重要的投入要素。然而随着能源技术的进一步发展，我国东部地区光伏发电的消费量在 2085 年以后将超过该地区的核电消费量。综上所述，在全球温控目标下，我国不同地区的低碳能源技术发展趋势存在较大的差异，政策制定者需要针对西部、中部和东部的地区特点，制定符合地区经济发展和能源需求特征的低碳能源技术发展规划。

7.4　本　章　小　结

　　综合评估模型的构建就是为了模拟气候变化问题所涉及的各类体系之间的交互关系，以便综合并全面地考察全球及多区域和多部门层面上应对气候变化的效果。根据中国综合评估模型和全球-中国多区域综合评估模型的建立和相关研究，本章从模型建立边界、政策接口边界和研究领域边界三角度，总结了气候变化领域综合评估模型的应用边界。对于模型建立边界，不仅需要考察经济生产模块、能源技术模块、碳循环模块、气候损失评估模块以及减缓和适应模块之间的交互关系，还需要考虑经济部门和区域之间的差异性，从全球区域划分和经济部门划分角度进一步拓展综合评估模型。对于政策接口边界，综合评估模型主要刻画了以减缓行为和适应行为为主的气候政策接口，其中减缓类政策接口包括碳税、化石能源税、可再生能源补贴、碳排放权交易和相关组合政策等接口，适应类政策接口则包括应急性适应行为、预期性适应行为和适应能力建设等方面的投资政策接口。对于研究领域边界，综合评估模型的构建可以从全球多区域层面和不同经济部门层面进行气候政策的减排效果评价、减缓和适应行为权衡、气候损失评估，以及我国乃至全球的低碳能源技术演变等相关研究。最后，通过本书第 2 章至第 6 章的研究分析，我们将此类模型用于研究气候领域问题并作进一步讨论，试图从理论建模、应用研究和政策设计三个方面为今后的气候变化背景下建模研究提供更为详细和全面的借鉴。

第8章 全书总结

人类活动所导致的温室气体排放也已被大多数学者认为是温室效应形成的最主要原因，全球气候变化问题也已经逐步威胁到人类的生存环境。因此，全球各地区需要更为紧密的一致性协同合作，才能更好地应对全球气候变化问题所产生的经济损失。此外，对于我国这样的全球最大碳排放国家，同时也是最大的发展中国家，其应对气候变化策略的制定和实施对于本国乃至全球应对气候变化的效果均具有较大的影响。本章基于前七章的研究内容和主要结论进行总结，进一步归纳全书模型方法的创新点，并指明下一步研究方向。

8.1 内 容 总 结

针对气候变化问题的全球性和多学科交叉性，本书首先基于 DEMETER 建立中国多部门综合评估模型（DEMETER-MSAD），该模型不仅仅要能在多部门层面上体现我国经济、人口、能源使用和碳排放等动态特性以及当前与未来的代际间效用分配，同时还需要在全球层面合理度量我国气候损失水平，并在模型框架下引入较为详细的减缓和适应模块以使其更好地分析和权衡我国两类气候措施的应对效果。其次，我们基于 WITCH 模型建立全球-中国多区域综合评估模型 WITCH-China 模型，从全球和我国多区域的角度考察全球 2℃温控目标下各地区的经济发展、能源消费和低碳能源技术演变规律。

基于中国多部门和全球-中国多区域两套模型体系，本书重点考察了气候减排背景下我国应对气候变化政策的减排表现，从成本-效果分析和成本-效益分析角度来看，不同的减排政策所表现出来的成本-效果分析和成本-效益分析结果可能存在一定的差异。此外，除了减缓温室气体排放之外，应对气候变化还有另外一条路径，即采取适应措施以避免当前和未来的潜在气候损失。全球气候变暖对人类生存环境具有不可逆的影响，会对发展中国家造成较大的经济影响。因此，合理投资并实施一定程度的适应措施对于我国应对气候变化具有非常重要的意义。同时，不同经济部门遭受的气候损失水平具有一定的差异性。因此，本书应用研究的重点也放在从部门细分的角度来考察全球温控目标和我国自主减排贡献目标下，以及不同部门应对气候变化行为和碳排放路径的差异性。全球气候变化问题所导致的气候损失存在较大的不确定性，评估气候损失方式的差异性对优化应对气候问题的行为具有较大的影响，依托建立的中国综合评估模型考察并探索不同气候损失评估方式对我国减缓和适应措施优化选择的影响是本书的一个研究重点。

除此之外，从全球和我国多区域细分层面探究应对气候变化背景下不同地区的经济发展、能源消费以及低碳能源技术发展的演变轨迹是本书另一个研究重点。前人对我国层面的气候政策评价研究主要关注的是不同评价体系下我国气候政策的减排表现评价，以及经济部门间气候措施应对效果的差异性等问题，而对全球及我国不同地区的低碳能源技术演变规律关注不够。而这些工作的展开有助于学者和政策制定者更深入了解全球温控目标下我国各地区未来低碳能源技术演变规律的差异性，以制定更为合理的区域低碳能源技术发展规划。通过对这些研究重点进行综合评估建模研究，本书进一步总结了气候变化领域综合评估模型的应用边界，并以此从理论建模、应用研究和政策制定三方面归纳综合评估建模应用的相关启示，为今后的气候变化背景下建模研究提供更为详细和全面的借鉴。总结起来，全书的结论主要有以下几点。

（1）碳税和可再生能源补贴组合政策可以有效控制减排成本，但考虑其在成本-效益分析时，单一碳税政策可能具有更好的减排表现。在评价我国减缓措施的减排表现时，不仅仅需要从成本-效果分析角度对比不同气候措施实施的宏观经济成本，还应当考虑其避免气候损失所产生的潜在收益的差异。对于我国固定碳税、动态碳税以及碳税-可再生能源补贴组合三类政策，当部分碳税政策被补贴政策替代时，税收引起的能源成本上升会得到缓解，同时非化石能源技术的竞争力会因为价格补贴而得到有效的改善，进而增加生产过程中的能源投入。因此，单从成本-效果分析指标来看，相比单一碳税政策，组合政策均具有相对较低的减排成本。然而，当考虑气候政策的成本-效益分析时，具体的政策偏好对于减排政策的选择会表现出不同的指向性。组合政策的实施仅仅具有更低的 GDP 损失成本收益比，固定碳税政策会带来更低的消费损失和能源投资上升成本收益比，动态碳税则会导致最低的能源成本收益比。

（2）减排成本会随着本国相对世界其他地区的减排压力的上升而上升，然而如果考虑气候措施的成本-效益分析时，这些措施的成本收益比会反之下降。对于我国这样的全球最大碳排放国家，在评估和实施本国气候措施时，需要考虑我国和世界其他地区应对气候变化一致性行动的程度对于本国气候策略减排效果的评估的影响。随着我国相对于世界其他地区的减排压力增加，我国各类减缓政策的减排成本会上升。除此之外，我国减排所导致的气候收益也会随着减排压力的增加而上升，因此从成本-效益分析的角度来看，当我国相对于世界其他地区的减排压力增加时，我国气候政策的部分成本-效益分析会相对下降。反之，当我国相对于世界其他地区的减排压力下降时，我国气候政策的部分成本-效益分析会相对上升。

（3）从能源消费下降、核电替代化石能源和其他可再生能源替代化石能源这三类减排贡献选项来看，我国固定碳税、动态碳税和碳税-可再生能源补贴组合政策在减排初期均依靠大幅度降低能源消费来达到减排目的，随着非化石能源技术竞争力的提升，减排中后期则主要依靠无碳能源替代进行减排，相比于碳税政策，组合政策对于消费下降这一减排选项的依赖程度最小。此外，2055 年之前，三种政策的非化石能源年技术替代变化率和相对价格波动较大，灵活的政策调整可以提高这方面的实施效果。但 2055 年之后，三种政策的非化石能源年技术年替代变化率和相对价格具有明显的收敛趋势，相对固定的政策可能有助于避免政策调整所带来的相关成本。

（4）为了达成全球 450 ppmv 浓度目标和我国自主减排贡献目标，需要持续在减缓类气候支出投入方面做出努力。在考虑气候损失反馈和社会福利最大化目标条件下，我国需要在持续投入减缓类气候支出的前提下，于 2040 年左右投入一定规模的适应类气候支出，以更好地应对气候变化所带来的经济损失。从长期的角度来看，在我国包含减缓和适应措施的投资组合能够应对和避免更多的气候损失，且 2050 年末也能实现更低的 CO_2 排放总量水平。

（5）从我国不同经济部门的碳排放碳达峰路径来看，我国第三产业部门的 CO_2 排放达峰时间将早于全国 CO_2 排放达峰时间，于 2025 年左右达峰，而我国第二产业部门 CO_2 排放达峰时间将晚于全国 CO_2 排放达峰时间，于 2035 年左右达峰，但是第二产业部门在 2035 年以前 CO_2 排放将保持非常缓慢的上升趋势。第三产业部门在我国总体经济结构调整政策的约束下将扮演越来越重要的角色，第二产业部门的大部分产品被作为中间产品投入在第三产业部门并被广泛使用。面对逐渐扩张的第三产业部门，将会难以控制第二产业部门的 CO_2 排放峰值。通过总结世界主要发达国家第一产业、第二产业和第三产业的碳排放数据可知，日本第二产业的温室气体排放达峰时间晚于全国排放达峰时间；而对于奥地利和日本，其第三产业部门的温室气体排放达峰时间则早于全国排放达峰时间。

（6）在未来可能出现巨大气候损失的情况下，不仅仅需要考虑碳排放碳达峰和非化石能源占能源消耗总量比例的国家目标，还需要考虑制定并实施具体的气候应对措施，如减缓和适应类气候变化措施的投资行动等，以降低未来气候损失的巨大不确定性和风险。Burke 等（2015）提出的气候损失评估方程相比于 Manne 等（1995）提出的气候损失评估方程，前者所评估的气候损失水平更高，然而在相同的浓度目标和我国碳排放碳达峰目标控制下，基于两类气候损失评估方程的政策情景所得排放路径和非化石能源占能源消耗总量比例路径大体一致。两类气候评估方程所得的气候损失占 GDP 比例在 2100 年的差距达到 2.15 个百分点。这远远超过了以往研究估算 21 世纪末我国遭受的气候损失水平。

（7）由于气候损失评估的巨大不确定性，不仅需要重视减缓类应对气候变化措施，同样需要重视适应类措施应对气候变化的效果，尤其是在 21 世纪中后期，需要依靠更多的适应类措施才能更好地应对可能出现的巨大气候损失。基于 Burke 等（2015）提出的气候损失评估方程的政策情景，随着 2045 年开始出现一定规模的适应类气候支出，适应类措施的气候损失避免量在 2045 年之后逐渐超过减缓类措施的气候损失避免量。然而，在 Burke 等（2015）提出的气候损失评估方程的政策情景下，适应类措施的气候损失避免量在 2045 年之后均高于减缓类措施的气候损失避免量。这与利用传统气候损失评估方式得到的结果差异较大，即仅仅在 2045 年至 2070 年期间，适应类措施的气候损失避免量高于减缓类措施的气候损失避免量，其他期间，减缓类措施的气候损失避免量均处于更高的水平。

（8）我国最优的减缓和适应气候变化支出路径和应对效果对于气候损失评估方程中参数的不确定性表现较为稳健，且对 Burke 等（2015）提出的气候损失评估方程的参数 β 敏感性更强。不难发现，Burke 等（2015）提出的气候损失评估方程主要参数的不确定性对于本章主要结果的趋势性没有太大的影响，包括：气候损失、碳排放、非化石能源占能源消耗总量比例、气候支出结构以及气候损失避免量。但是在 2045 年之后，包括气候损失、气候支出以及气候损失避免量等主要结果在 Burke 等（2015）提出的气候损失评估方程的政策情景和 Manne 等（1995）提出的气候损失评估方程的政策情景之间的差距逐渐增大。由此，为了更成本有效地应对气候变化问题，在制定气候政策时不仅需要考虑何时投入，而且需要根据未来可能出现的不确定性考虑是否加大或减少气候支出的投入规模。

（9）全球和我国为达成 2℃温控目标，需要付出较大的经济成本，且 GDP 的下降幅度会逐渐增大，不同于我国其他地区，我国中部地区生产总值的下降幅度在 2070 年以后会逐渐减少。我国的 GDP 下降幅度相比于全球层面的 GDP 下降幅度更大。此外，从我国西部、中部和东部地区层面来看，类似全国层面 GDP 下降比例的变化趋势，我国东部地区和西部地区生产总值的下降幅度逐渐增大。在 2065 年以前，我国西部地区在 2℃温控目标的约束下，其 GDP 相对基准情景的下降幅度最大，其次是中部地区生产总值的下降幅度，我国东部地区生产总值在此期间的下降幅度较小。除了需要付出较大的经济成本，为应对全球气候变化问题，全球层面及作为最大排放国的中国，均需要通过控制化石能源消费以减缓温室气体的排放。

（10）我国低碳能源技术的消费量在未来将占全球相应低碳能源技术总消费量较高的比例，我国各地区间的低碳能源技术发展路径存在较大的差异，风电在我国及各地区低碳能源技术发展中将起到关键的作用。对于我国西部地区，除了风电发展迅速之外，由于未来水资源可利用的潜在空间较大，西部地区水电消费量保持持续稳定的上涨趋势。此外，光伏发电和 CSP 发电消费量呈先升后降的趋势，其中，我国西部地区光伏发电的能源技术消费量低于该地区未来风电和水电的消费量，但高于 CSP 发电的消费量。对于我国中部地区，类似我国西部地区低碳能源技术的发展趋势，风电消费量仍然占非化石能源技术消费量的最大比例。但不同于西部地区，中部地区的水电技术受资源禀赋的影响，发展较为缓慢。而中部地区光伏发电和 CSP 发电消费量也呈现先增后减的趋势，且中部地区光伏发电消费量于 2050 年至 2080 年期间超过本地区水电的消费量。对于我国东部地区，与西部和中部地区不同的是，由于东部地区的经济发展水平最高，因此其在 2℃ 温控情景下低碳能源技术具有更高的消耗水平。此外，在宏观经济成本压力较大的前期，核电将成为东部地区能源需求中重要的投入要素。然而随着能源技术的进一步发展，我国东部地区光伏的消费量在 2085 年以后将超过本地区的核电消费量。

8.2　创　新　点

本书通过基于传统 DEMETER 和 WITCH 模型构建了中国多部门综合评估模型和全球-中国多区域综合评估模型，并以这两类自主构建的模型平台对我国应对气候变化行动的优化和评估进行了有益的应用探索。基于此，本书的创新点主要体现在建模理论和实际应用两个方面。

1. 建模理论方面

（1）不同于传统综合评估模型，将经济部门视为一个整体简化考虑，我们引入不同经济部门的投入产出关系将经济部门细分为第一产业、第二产业和第三产业部门，这使得传统综合评估模型无论在模型架构还是应用功能方面均有了极大的改观。一方面，早期综合评估模型中单一整体的经济模块，容易忽略不同经济部门能源消费、碳排放水平之间的差异性，难以具体刻画本国经济生产的能源消费和碳排放水平特征，另一方面，不同经济部门面对气候变化影响时，其表现出的气候易损性也存在较大的差异。因此，通过本书关于经济部门的细分机制，可以更好地研究不同经济部门间应对气候变化时所表现的气候支出、碳排放路径等差异。

（2）以往的综合评估建模研究，主要重视对减缓类气候措施的刻画，通常忽略适应类气候措施对于应对气候变化问题的重要性。本书通过"流量"和"存量"变量来刻画不同类型的适应投资，包括应急性适应行为、预期性适应行为和适应能力建设投资，并以其 CES 组合形式来评估适应系数，进而将适应模块构建至综合评估模型当中。一方面便于对我国适应气候变化的支出程度进行量化分析，另一方面也易于权衡我国减缓类和适应类气候行动，以便得出两者之间最优的组合策略。

（3）对于气候损失评估模块，传统综合评估模型主要依据 Nordhaus（1993）或者 Manne 等（1995）提出的气候损失评估模式，即由全球平均温度上升评估损失因子，并以评估损失因子和地区生产总值的乘积来量化地区气候损失。然而，对于绝大多数国家，现代经济生产要素，如劳动力和农业资源等，与地区温度上升之间存在很强的非线性关系（Schlenker and Roberts，2009；Zivin and Neidell，2014）。因此，本书基于 Burke 等（2015）提出的地区温度上升和地区经济增速之间的关系方程和评估结果，丰富本书综合评估模型的气候损失评估模块。

2. 实际应用方面

（1）对于评价地区气候措施减排表现的研究，本书从成本-效益分析角度考察这些措施的成本收益比，并与成本-效果分析角度的评价结果进行对比。此外，在评价政策的减排表现时，传统研究总是忽略不同政策减排贡献水平的差异，然而这一差异很大程度上可以体现实施减排政策的效果差异。因此，我们将三种减排选项的减排贡献率纳入政策评价的指标体系当中，以此为政策制定者在设计和制定相应气候措施时，提供更为全面和详细的理论依据。

（2）在 450 ppmv 浓度目标和我国自主减排贡献目标下，本书基于仅含减缓类投资的政策情景及含减缓和适应类投资的政策情景进行分析。进而，对政策情景下我国第一产业、第二产业和第三产业部门的碳排放路径和气候类支出路径变化进行优化分析，并为我国未来减缓类和适应类气候支出的投资路径提出了相关政策建议。

（3）本书基于全球多区域综合评估模型 WITCH 模型，将我国进一步分为西部、中部和东部地区，并构建全球-中国多区域综合评估模型 WITCH-China 模型，重点研究在地区经济发展和资源禀赋的差异化背景以及全球温控目标约束下，我国和世界其他各地区的宏观经济水平和能源消费受到气候变化影响的差异性，以及我国东部地区、中部地区和西部地区的能源技术演化和碳排放路径的变化规律。

8.3   下一步研究方向

由于多学科领域交叉性，气候变化的研究从一个具有争议性的应用学科，转化成一个包含地缘、政治、经济、环境等多方面综合的科学问题，其是主要包括大气环境、海洋环境、陆地环境、人类社会生存环境和人类经济活动组成的复杂系统。作为全球最大的碳排放国家，也是最大的发展中国家，我国的气候策略制定和实施将极大程度上影响本国乃至全球应对气候变化的效果。因此，本书仅将有限的注意力放在中国综合评估模型建模以及本国多部门和多区域层面的应对气候变化行动的评价研究上。尽管本书在构建中国综合评估模型，以及在多部门和多区域层面评估我国应对气候变化行动的效果方面做了一定量的工作，但是，本书要成为一项更加完善，甚至完美的工作仍需要从以下几个方面进行更为深入的探索。

（1）本书构建的中国综合评估模型，即 DEMETER-MSAD 模型，最大的特点是将适应投资模块以 CES 复合形式引入模型政策接口当中，这一模块的引入使得同时考虑并权衡本国减缓和适应气候变化行动成为可能。然而，该适应模块的建立是基于应急性适应行为、预期性适应行为和适应能力建设投资的 CES 替代方程来测算地区适应系数，其结果将极大受到 CES 方程中替代弹性等相关参数的影响。当前，这些参数的取值主要参考自 Bosello 等（2009）给出的校准结果，尚未得到我国层面更为有力的实证研究支持。未来在我国相关数据可利用性进一步改善的情况下，开展关于我国层面的这一实证研究，将能极大降低这些关键参数可能对模型结果带来的不确定性。

（2）本书构建的中国综合评估模型和全球-中国多区域综合评估模型刻画了通过化石能源燃烧产生的 CO_2 等温室气体排放所导致的气候损失。虽然，化石能源燃烧所产生的温室气体排放是导致全球碳浓度和平均温度上升的主要影响因素，在其影响下产生的全球气候变化和气候损失对地区产生经济反馈。但是，化石能源使用引起温室气体排放的同时，还会产生许多其他污染物，如 SO_2 等，对于本地区同样会产生较大的经济损失。因此，在刻画和考虑我国减缓措施的成本-效益分析时，不仅需要考虑其直接效益，还需要进一步考虑通过实施减缓温室气体排放措施所导致其他污染物排放减少的协同效益，这样将能更为准确地评估地区相关气候措施的应对效果。

（3）本书建立的我国三部门综合评估模型和全球-中国多区域综合评估模型，关于我国的部门划分和区域划分还是比较简单的，这样的模型可以在一定程度上体现我国部门间和区域间应对气候变化行动的差异性，较适宜于研究主要地区和部门为应对气候变化问题的气候政策对部门和地区层面的经济产出、能源使用和碳排放演变轨迹的影响。然而，我国作为全球最大的发展中国家，国土面积和人口数量均为世界各国中较大的国家，第一产业、第二产业和第三产业部门以及东部、中部和西部地区的划分方式难以体现我国实际上更为细致和复杂的经济结构和区域结构。因此，接下来对综合评估模型中的经济部门和区域进行更为细致的划分将更好、更全面地研究我国各部门和各区域应对气候变化行动的最优策略。

（4）此外，本书模型中考虑的能源价格均遵循 LBD 和 LBS 组成的双因素学习曲线进行内生演变。然而，受到投机行为、地缘政治和市场供需等因素的影响，能源价格将存在较大的短期波动趋势，简单的学习曲线内生机制忽略了这些因素产生的不确定性。而这些不确定性到底会对模型结果的稳定性产生多大的影响，综合评估模型又该如何合理地刻画这些因素产生的不确定性，这需要我们在接下来的工作中重点研究。

参 考 文 献

鲍勤, 汪寿阳. 2020. 经济分析与政策分析[M]. 北京: 科学出版社.

陈荣, 张希良, 何建坤, 等. 2008. 基于 MESSAGE 模型的省级可再生能源规划方法[J]. 清华大学
　　学报(自然科学版), 48(9): 1525-1528.

陈文颖, 高鹏飞, 何建坤. 2004. 用 MARKAL-MACRO 模型研究碳减排对中国能源系统的影响
　　[J]. 清华大学学报(自然科学版), 44(3): 342-346.

陈文颖, 吴宗鑫. 2001. 用 MARKAL 模型研究中国未来可持续能源发展战略[J]. 清华大学学报
　　(自然科学版), 41(12): 103-106.

段宏波. 2013. 能源－经济－环境系统建模与新能源技术扩散研究[D]. 北京: 中国科学院大学.

段宏波, 范英. 2017. 能源系统集成建模: 政策驱动下的低碳转型[M]. 北京: 科学出版社.

段宏波, 汪寿阳. 2019. 中国的挑战:全球温控目标从 2℃到 1.5℃的战略调整[J].管理世界, 35(10):
　　50-63.

段宏波, 汪寿阳. 2024. 中国的碳中和: 技术经济路径与政策选择[J].管理科学学报, 27(2): 1-17.

范英, 刘炳越, 衣博文, 等. 2023. 能源转型背景下的能源安全[M]. 北京: 科学出版社.

高虎, 梁志鹏, 庄幸. 2004. LEAP 模型在可再生能源规划中的应用[J]. 中国能源, 26(10): 34-37.

国家电监会. 2012.电力管理监管年度报告[R]. 北京: 国家电监会.

国家发展和改革委员会. 2013. 国家适应气候变化战略[R]. 北京: 国家发展和改革委员会.

国家发展和改革委员会. 2016. 中国应对气候变化的政策与行动: 2016 年度报告[R]. 北京: 国家
　　发展和改革委员会.

国家统计局. 2010. 中国统计年鉴—2010[M]. 北京: 中国统计出版社.

国家统计局. 2011. 中国统计年鉴—2011[M]. 北京: 中国统计出版社.

国家统计局. 2015. 中国统计年鉴—2015[M]. 北京: 中国统计出版社.

国家统计局. 2023. 中国统计年鉴—2023[M]. 北京: 中国统计出版社.

国家统计局能源统计司. 2011. 中国能源统计年鉴 2011[M]. 北京: 中国统计出版社.

国家统计局能源统计司. 2015. 中国能源统计年鉴 2015[M]. 北京: 中国统计出版社.

国务院. 2007. 中国应对气候变化国家方案 [EB/OL]. [2024-11-15]. https://www.gov.cn/gzdt/
　　2007-06/04/content_635590.htm.

何建坤, 张阿玲, 尚春生. 1996. 应用于减排温室气体平均的 INET 能源系统模型[J]. 清华大学学
　　报(自然科学版), 36(10): 68-73.

吉训仁. 1988. Markal 能源供应模型导论与用户指南[M]. 北京: 清华大学出版社.

贾林娟. 2014. 全球低碳经济发展与中国的路径选择[D]. 大连: 东北财经大学.

姜克隽, 胡秀莲, 庄幸, 等. 2008. 中国的能源与温室气体排放情景和减排成本分析[C]//北京大学北京论坛办公室. 北京论坛(2008)文明的和谐与共同繁荣：文明的普遍价值和发展趋向. 北京：北京论坛: 109-123.

林伯强. 2022. 碳中和进程中的中国经济高质量增长[J]. 经济研究, 57(1): 56-71.

林伯强, 黄光晓. 2014. 能源金融[M]. 2版. 北京：清华大学出版社.

刘晨阳. 2010. 中国实施应对气候变化的财政政策内外部动因及效果初探[J]. 现代财经(天津财经大学学报), 30(10): 32-36.

卢全莹, 汪寿阳. 2021. 国际油价波动分析与预测[M]. 北京：科学出版社.

彭盼, 任心原, 范英, 等. 2018. 中国多地区低碳能源技术的优化选择[J]. 系统工程理论与实践. 38(8): 1968-1982.

盛丽颖. 2011. 中国碳减排财政政策研究[D]. 沈阳：辽宁大学.

田华, 刘晨阳. 2010. 中国推进实施应对气候变化财政政策的战略意义与路径选择[J]. 财政研究, (7): 29-32.

汪寿阳, 郑桂环, 张珣, 等. 2018. 宏观经济预测方法应用与预测系统[M]. 北京：科学出版社.

吴宗鑫, 滕飞. 2015. 第三次工业革命与中国能源向绿色低碳转型[M]. 北京：清华大学出版社.

姚愉芳, 张奔. 1989. MARKAL能源模型研究与开发[M]. 北京：能源出版社.

叶勇. 1996. 中国温室气体减排宏观经济评价[D]. 北京：清华大学.

翟凡, 冯珊, 李善同. 1997. 一个中国经济的可计算一般均衡模型[J]. 数量经济技术经济研究, (3):38-44.

翟凡, 李善同. 1999. 中国经济的可计算一般均衡模型[M]. 北京：中国财政经济出版社.

张阿玲, 郑淮, 何建坤. 2002. 适合中国国情的经济、能源、环境(3E)模型[J]. 清华大学学报(自然科学版), 42(12): 1616-1620.

张希良. 2020. 中国低碳能源转型系统分析：方法、模型与应用[M]. 北京：科学出版社.

张希良, 耿涌, 田立新, 等. 2022. 绿色低碳发展转型中的关键管理科学问题与政策研究[M]. 北京：科学出版社.

郑玉歆, 樊明太. 1999. 中国CGE模型及政策分析[M]. 北京：社会科学文献出版社.

Ades A E, Sculpher M, Sutton A, et al. 2006. Bayesian methods for evidence synthesis in cost-effectiveness analysis[J]. PharmacoEconomics, 24(1): 1-19.

Agrawala S, Bosello F, Carraro C, et al. 2011. Plan or react? Analysis of adaptation costs and benefits using integrated assessment models[J]. Climate Change Economics, 2(3): 175-208.

Alcamo J, Leemans R, Kreileman E. 1998. Global Change Scenarios of the 21st Century: Results From the IMAGE 2.1 Model[M]. Oak Ridge: Department of Energy Office of Scientific and Technical Information.

Anthoff D, Hepburn C, Tol R S J. 2009. Equity weighting and the marginal damage costs of climate change[J]. Ecological Economics, 68(3): 836-849.

Arrow K J. 1962. The economic implications of learning by doing[J]. The Review of Economic

Studies, 29(3): 155-173.

Aunan K, Berntsen T, O'Connor D, et al. 2007. Benefits and costs to China of a climate policy[J]. Environment and Development Economics, 12(3): 471-497.

Aunan K, Fang J H, Vennemo H, et al. 2004. Co-benefits of climate policy: lessons learned from a study in Shanxi, China[J]. Energy Policy, 32(4): 567-581.

Ayres R U, Walter J. 1991. The greenhouse effect: damages, costs and abatement[J]. Environmental and Resource Economics, 1(3): 237-270.

Bahn O, Chesney M, Gheyssens J. 2012. The effect of proactive adaptation on green investment[J]. Environmental Science & Policy, 18: 9-24.

Baker E, Shittu E. 2008. Uncertainty and endogenous technical change in climate policy models[J]. Energy Economics, 30(6): 2817-2828.

Barreto L, Kypreos S. 2004. Endogenizing R&D and market experience in the "bottom-up" energy-systems ERIS model[J]. Technovation, 24(8): 615-629.

Baumol W J, Oates W E. 1988. The Theory of Environmental Policy[M]. 2nd ed. Cambridge: Cambridge University Press.

Bell C M, Urbach D R, Ray J G, et al. 2006. Bias in published cost effectiveness studies: systematic review[J]. BMJ, 332(7543): 699-703.

Berghmans R, Berg M, van den Burg M, et al. 2004. Ethical issues of cost effectiveness analysis and guideline setting in mental health care[J]. Journal of Medical Ethics, 30(2): 146-150.

Böhringer C. 1998. The synthesis of bottom-up and top-down in energy policy modeling[J]. Energy Economics, 20(3): 233-248.

Bollen J, van der Zwaan B, Brink C, et al. 2009. Local air pollution and global climate change: a combined cost-benefit analysis[J]. Resource and Energy Economics, 31(3): 161-181.

Bonomi A E, Boudreau D M, Fishman P A, et al. 2005a. Is a family equal to the sum of its parts? Estimating family-level well-being for cost-effectiveness analysis[J]. Quality of Life Research, 14(4): 1127-1133.

Bonomi A E, Fishman P A, Boudreau D M, et al. 2005b. Family-level cost-effectiveness analysis: response to Holmes' commentary[J]. Quality of Life Research, 14(4): 1139-1140.

Bosello F, Carraro C, de Cian E. 2009. An analysis of adaptation as a response to climate change[R]. Venice: Ca' Foscari University of Venice Department of Economics.

Bosetti V, Carraro C, Galeotti M, et al. 2006. A world induced technical change hybrid model[J]. The Energy Journal, 27(Suppl. 2): 13-37.

BP. 2023. Statistical review of world energy[R]. London, 2023. Access at: www.bp.com/statisticalreview.

Buonanno P, Carraro C, Galeotti M. 2003. Endogenous induced technical change and the costs of Kyoto[J]. Resource and Energy Economics, 25(1): 11-34.

Burke M, Hsiang S M, Miguel E. 2015. Global non-linear effect of temperature on economic production[J]. Nature, 527: 235-239.

Burniaux J M, Martin J P, Nicoletti G, et al. 1992. GREEN: a multi-region dynamic general equilibrium model for quantifying the costs of curbing CO2 emissions: a technical manual[R]. Paris: OECD.

Buyanov V. 2011. BP statistical review of world energy 2011[EB/OL]. [2024-11-03]. https:// econpapers. repec.org/article/rnpecopol/1149.htm.

Calvin K, Dasgupta D, Krinner G. 2023. Climate change 2023: synthesis report. contribution of working groups I, II and III to the sixth assessment report of the intergovernmental panel on climate change[R]. Geneva: IPCC.

Capros P, Georgakopoulos T, van Regemorter D, et al. 1997. The GEM-E3 model for the European Union [J]. Economic and Financial Modeling, 4(2/3): 51-160.

Chai J, Yang Y, Lu Q Y, et al. 2017. Green Transportation and Energy Consumption in China[M]. London: Routledge.

Cline W R. 1997. Modelling economically efficient abatement of greenhouse gases[C]//Kaya Y, Yokobori K. Environment, Energy and Economy: Strategies for Sustainability. Tokyo: United Nations University Press: 99-122.

Coe D T, Helpman E. 1995. International R&D spillovers[J]. European Economic Review, 39(5): 859-887.

de Bruin K C, Dellink R B, Tol R S J. 2009. AD-DICE: an implementation of adaptation in the DICE model[J]. Climatic Change, 95(1): 63-81.

Dellink R, Chateau J, Lanzi E, et al. 2017. Long-term economic growth projections in the shared socioeconomic pathways[J]. Global Environmental Change, 42: 200-214.

Dietz S, Hepburn C. 2013. Benefit–cost analysis of non-marginal climate and energy projects[J]. Energy Economics, 40: 61-71.

Dissou Y. 2005. Cost-effectiveness of the performance standard system to reduce CO_2 emissions in Canada: a general equilibrium analysis[J]. Resource and Energy Economics, 27(3): 187-207.

Dowlatabadi H. 1995. Integrated assessment models of climate change: an incomplete overview[J]. Energy Policy, 23(4/5): 289-296.

Dowlatabadi H, Morgan M G. 1993. Integrated assessment of climate change[J]. Science, 259(5103): 1813-1932.

Duan H B, Fan Y, Zhu L. 2013. What's the most cost-effective policy of CO_2 targeted reduction: an application of aggregated economic technological model with CCS?[J]. Applied Energy, 112: 866-875.

Duan H B, Zhou S, Jiang K J, et al. 2021. Assessing China's efforts to pursue the 1.5℃ warming limit[J]. Science, 372(6540): 378-385.

Duan H B, Zhu L, Fan Y. 2014. Optimal carbon Taxes in carbon-constrained China: a logistic-induced energy economic hybrid model[J]. Energy, 69: 345-356.

Dudley B. 2015. BP statistical review of world energy 2015[EB/OL]. [2024-11-03]. https://www. bp.com/content/dam/bp/business-sites/en/global/corporate/pdfs/news-and-insights/speeches/speec h-archive/statistical-review-of-world-energy-2015-bob-dudley-speech.pdf.

Dudley B. 2016. BP statistical review of world energy[EB/OL]. [2024-11-03]. https://www.bp.com/ content/dam/bp/business-sites/en/global/corporate/pdfs/energy-economics/statistical-review/BP-st atistical-review-of-world-energy-2016-full-report.pdf.

Edwards T H, Hutton J P. 2001. Allocation of carbon permits within a country: a general equilibrium analysis of the United Kingdom[J]. Energy Economics, 23(4): 371-386.

Eger R J III, Wilsker A L. 2007. Cost effectiveness analysis and transportation: practices, problems, and proposals[J]. Public Budgeting & Finance, 27(1): 104-116.

Emmerling J, Drouet L, Reis L A, et al. 2016. The WITCH 2016 model-documentation and implementation of the shared socioeconomic pathways[EB/OL]. [2024-11-03]. https://www. econstor.eu/bitstream/10419/142316/1/NDL2016-042.pdf.

Emmerling J, Tavoni M. 2017. Quantifying Non-cooperative Climate Engineering[EB/OL]. [2025- 02-10]. https://www.econstor.eu/bitstream/10419/177252/1/ndl2017-058.pdf.

Fankhauser S. 1994. The social costs of greenhouse gas emissions: an expected value approach[J]. The Energy Journal, 15(2): 157-184.

Fankhauser S. 1995. Protection versus retreat: the economic costs of sea-level rise[J]. Environment and Planning A: Economy and Space, 27(2): 299-319.

Fankhauser S, Smith J B, Tol R S J. 1999. Weathering climate change: some simple rules to guide adaptation decisions[J]. Ecological Economics, 30(1): 67-78.

Finley M. 2013. BP statistical review of world energy 2013[EB/OL]. [2024-11-03]. https://www. imf.org/external/np/res/commod/pdf/ppt/BP0613.pdf.

Fischer G, Tubiello F N, van Velthuizen H, et al. 2007. Climate change impacts on irrigation water requirements: effects of mitigation, 1990–2080[J]. Technological Forecasting and Social Change, 74(7): 1083-1107.

Frankhauser S, Tol R. 1996. Climate change costs: recent advancements in the economic assessment[J]. Energy Policy, 24(7): 665-673.

Gerbelová H, Versteeg P, Ioakimidis C S, et al. 2013. The effect of retrofitting Portuguese fossil fuel power plants with CCS[J]. Applied Energy, 101: 280-287.

Gerlagh R, van der Zwaan B. 2003. Gross world product and consumption in a global warming model with endogenous technological change[J]. Resource and Energy Economics, 25(1): 35-57.

Gerlagh R, van der Zwaan B. 2006. Options and instruments for a deep cut in CO_2 emissions: carbon dioxide capture or renewables, taxes or subsidies?[J]. The Energy Journal, 27(3): 25-48.

Gerlagh R, van der Zwaan B, Hofkes M W, et al. 2004. Impacts of CO_2-taxes in an economy with niche markets and learning-by-doing[J]. Environmental and Resource Economics, 28(3): 367-394.

Gillingham K, Newell R G, Pizer W A. 2008. Modeling endogenous technological change for climate policy analysis[J]. Energy Economics, 30(6): 2734-2753.

Goulder L H, Mathai K. 2000. Optimal CO_2 abatement in the presence of induced technological change[J]. Journal of Environmental Economics and Management, 39(1): 1-38.

Goulder L H, Parry I W H, Williams R C III, et al. 1999. The cost-effectiveness of alternative instruments for environmental protection in a second-best setting[J]. Journal of Public Economics, 72(3): 329-360.

Goulder L H, Schneider S H. 1999. Induced technological change and the attractiveness of CO_2 abatement policies[J]. Resource and Energy Economics, 21(3/4): 211-253.

Griliches Z. 1992. Output Measurement in the Service Sectors[M]. Chicago: University of Chicago Press.

Grimaud A, Lafforgue G, Magné B. 2011. Climate change mitigation options and directed technical change: a decentralized equilibrium analysis[J]. Resource and Energy Economics, 33(4): 938-962.

Hallegatte S, Rogelj J, Allen M, et al. 2016. Mapping the climate change challenge[J]. Nature Climate Change, 6: 663-668.

Hamilton J, Viscusi W K. 1999. Calculating Risks? The Spatial and Political Dimensions of Hazardous Waste Policy[M]. Cambridge: MIT Press.

Hanley N, Spash C L. 1993. Cost-Benefit Analysis and the Environment[M]. Cheltenham: Edward Elgar Publishing.

Hof A F, den Elzen M G J, van Vuuren D P. 2008. Analysing the costs and benefits of climate policy: value judgements and scientific uncertainties[J]. Global Environmental Change, 18(3): 412-424.

Hope C. 2006. The marginal impact of CO2 from PAGE2002: an integrated assessment model incorporating the IPCC's five reasons for concern[J]. Integrated Assessment, 6(1): 19-56.

Hope C, Anderson J, Wenman P. 1993. Policy analysis of the greenhouse effect: an application of the PAGE model[J]. Energy Policy, 21(3): 327-338.

Horowitz J, Lange A. 2014. Cost–benefit analysis under uncertainty: a note on weitzman's dismal theorem[J]. Energy Economics, 42: 201-203.

Hoyle M. 2011. Accounting for the drug life cycle and future drug prices in cost-effectiveness analysis[J]. PharmacoEconomics, 29(1): 1-15.

Hübler M, Voigt S, Löschel A. 2014. Designing an emissions trading scheme for China: an up-to-date climate policy assessment[J]. Energy Policy, 75: 57-72.

Islam S M N, Munasinghe M, Clarke M. 2003. Making long-term economic growth more sustainable:

evaluating the costs and benefits[J]. Ecological Economics, 47(2/3): 149-166.

Jorgenson D W, Wilcoxen P J. 1993. Reducing US carbon emissions: an econometric general equilibrium assessment[J]. Resource and Energy Economics, 15(1): 7-25.

Kammen D M, Arons S M, Lemoine D, et al. 2008. Cost-effectiveness of greenhouse gas emission reductions from plug-in hybrid electric vehicles[EB/OL]. [2024-11-03]. https://gspp.berkeley. edu/assets/uploads/research/pdf/ssrn-id1307101.pdf.

Kavuncu Y O, Knabb S D. 2005. Stabilizing greenhouse gas emissions: assessing the intergenerational costs and benefits of the Kyoto Protocol[J]. Energy Economics, 27(3): 369-386.

Kc S, Lutz W. 2017. The human core of the shared socioeconomic pathways: population scenarios by age, sex and level of education for all countries to 2100[J]. Global Environmental Change, 42: 181-192.

Keller K, McInerney D, Bradford D F. 2008. Carbon dioxide sequestration: how much and when?[J]. Climatic Change, 88(3/4): 267-291.

Kemfert C. 2005. Induced technological change in a multi-regional, multi-sectoral, integrated assessment model (WIAGEM): impact assessment of climate policy strategies[J]. Ecological Economics, 54(2/3): 293-305.

Kerr R A. 1999. Research council says U.S. climate models can't keep up[J]. Science, 283(5403): 766-767.

Klein N. 2015. This Changes Everything: Capitalism vs. The Climate[M]. New York: Simon & Schuster.

Kneese A V. 1964. Socio-economic aspects of water quality management[J]. Journal (Water Pollution Control Federation), 36(2): 254-262.

Kneifel J. 2010. Life-cycle carbon and cost analysis of energy efficiency measures in new commercial buildings[J]. Energy and Buildings, 42(3): 333-340.

Kokoski M F, Smith V K. 1987. A general equilibrium analysis of partial-equilibrium welfare measures: the case of climate change[J]. The American Economic Review, 77(3): 331-341.

Kovacevic V, Wesseler J. 2010. Cost-effectiveness analysis of algae energy production in the EU[J]. Energy Policy, 38(10): 5749-5757.

Krutilla J V. 1967. Conservation reconsidered[J]. The American Economic Review, 57(4): 777-786.

Kull D, Mechler R, Hochrainer-Stigler S. 2013. Probabilistic cost-benefit analysis of disaster risk management in a development context[J]. Disasters, 37(3): 374-400.

Kuosmanen T, Bijsterbosch N, Dellink R. 2009. Environmental cost–benefit analysis of alternative timing strategies in greenhouse gas abatement: a data envelopment analysis approach[J]. Ecological Economics, 68(6): 1633-1642.

Kypreos S, Bahn O. 2003. A MERGE model with endogenous technological progress[J]. Environmental Modeling & Assessment, 8(3): 249-259.

Laukkonen J, Blanco P K, Lenhart J, et al. 2009. Combining climate change adaptation and mitigation measures at the local level[J]. Habitat International, 33(3): 287-292.

Lehtila A, Tuhkanen S. 1999. Integrated Cost-Effectiveness Analysis of Greenhouse Gas Emission Abatement: the Case of Finland[M]. Helsinki: Technical Research Centre of Finland.

Lewis J I. 2007. Technology acquisition and innovation in the developing world: wind turbine development in China and India[J]. Studies in Comparative International Development, 42(3/4): 208-232.

Li A J, Lin B Q. 2013. Comparing climate policies to reduce carbon emissions in China[J]. Energy Policy, 60: 667-674.

Lind R C. 1995. Intergenerational equity, discounting, and the role of cost-benefit analysis in evaluating global climate policy[J]. Energy Policy, 23(4/5): 379-389.

Lucas R E. 1988. On the mechanics of economic development[J]. Journal of Monetary Economics, 22(1): 3-42.

Lund H, Mathiesen B V. 2012. The role of carbon capture and storage in a future sustainable energy system[J]. Energy, 44(1): 469-476.

Maass A, Hufschmidt M M, Dorfman R, et al. 1962. Design of water resource system[J]. Soil Science, 94(2): 135.

MacAllister R V. 1980. Manufacture of high fructose corn syrup using immobilized glucose isomerase[M]//Pitcher W H. Immobilized Enzymes for Food Processing. New York: CRC Press: 81-111.

MacCracken C N, Edmonds J A, Kim S H, et al. 1999. The economics of the Kyoto Protocol[J]. The Energy Journal, 20: 25-71.

Maddison D. 1994. Economics and the environment: the shadow price of greenhouse gases and aerosols[R]. Surrey: Surrey Energy Economics Centre.

Maddison D. 1995. A cost-benefit analysis of slowing climate change[J]. Energy Policy, 23(4/5): 337-346.

Manne A, Barreto L. 2004. Learn-by-doing and carbon dioxide abatement[J]. Energy Economics, 26(4): 621-633.

Manne A, Mendelsohn R, Richels R. 1995. MERGE: a model for evaluating regional and global effects of GHG reduction policies[J]. Energy Policy, 23(1): 17-34.

Manne A, Richels R. 2004. The impact of learning-by-doing on the timing and costs of CO_2 abatement[J]. Energy Economics, 26(4): 603-619.

Martinot E. 2010. Renewable power for China: past, present, and future[J]. Frontiers of Energy and Power Engineering in China, 4(3): 287-294.

McKibbin W, Wilcoxen P J. 1993. The global consequences of regional environmental policies: an integrated macroeconomic, multi-sectoral approach[M]//Kaya Y, Nakicenovic N, Nordhaus W D, et al. Impacts and Benefits of CO_2 Mitigation. Vienna: International Institute for Applied Systems Analysis: 247-272.

Mechler R. 2005. Cost-benefit analysis of natural disaster risk management in developing countries[EB/OL]. [2024-11-02]. https://pure.iiasa.ac.at/id/eprint/7320/1/Cost-B-A.pdf.

Mehta S, Shahpar C. 2004. The health benefits of interventions to reduce indoor air pollution from solid fuel use: a cost-effectiveness analysis[J]. Energy for Sustainable Development, 8(3): 53-59.

Mendelsohn R. 2000. Efficient adaptation to climate change[J]. Climatic Change, 45(3): 583-600.

Messner S. 1997. Endogenized technological learning in an energy systems model[J]. Journal of Evolutionary Economics, 7(3): 291-313.

Mohnen P. 1994. The econometric approach to R&D externalities[R]. Montréal: Université du Québec à Montréal, Département des Sciences économiques.

Mundial B. 2007. Cost of pollution in China: economic estimates of physical damages[R]. Washington: World Bank Group.

Murphy J M, Sexton D M H, Barnett D N, et al. 2004. Quantification of modelling uncertainties in a large ensemble of climate change simulations[J]. Nature, 430(7001): 768-772.

Naill R F, Belanger S, Klinger A, et al. 1992. An analysis of the cost effectiveness of U.S. energy policies to mitigate global warming[J]. System Dynamics Review, 8(2): 111-128.

Nakicenovic N, Grübler A, McDonald A. 1998. Global Energy Perspectives[M]. Cambridge: Cambridge University Press.

Noben C Y, Nijhuis F J, de Rijk A E, et al. 2012. Design of a trial-based economic evaluation on the cost-effectiveness of employability interventions among work disabled employees or employees at risk of work disability: the CASE-study[J]. BMC Public Health, 12(1): 43.

Nordhaus W D. 1977. Economic growth and climate: the carbon dioxide problem[J]. The American Economic Review, 67(1): 341-346.

Nordhaus W D. 1982. How fast should we graze the global commons?[J]. The American Economic Review, 72(2): 242-246.

Nordhaus W D. 1993. Rolling the 'DICE': an optimal transition path for controlling greenhouse gases[J]. Resource and Energy Economics, 15(1): 27-50.

Nordhaus W D. 1994. Managing The Global Commons: The Economics of Climate Change[M]. Cambridge: MIT Press.

Nordhaus W D. 2002. Modeling induced innovation in climate-change policy[M]//Grübler A, Nakicenovic N, Nordhaus W D. Technological Change and the Environmen. New York: Routledge: 28.

Nordhaus W D. 2013. The Climate Casino: Risk, Uncertainty, and Economics for A Warming World[M]. New Haven: Yale University Press.

Nordhaus W D. 2019. Climate change: the ultimate challenge for economics[J]. The American

Economic Review, 109(6): 1991-2014.

Nordhaus W D, Boyer J. 2000. Warming the World: Economic Models of Global Warming[M]. Cambridge: MIT Press.

Nordhaus W D, Yang Z L. 1996. A regional dynamic general-equilibrium model of alternative climate-change strategies[J]. The American Economic Review, 86(4): 741-765.

Pachauri R K, Allen M R, Barros V R, et al. 2014. Climate change 2014: synthesis report. Contribution of working groups I, II and III to the fifth assessment report of the Intergovernmental Panel on Climate Change[R]. Geneva: IPCC.

Pachauri R K, Reisinger A. 2007. Climate change 2007: synthesis report. Contribution of working groups I, II and III to the fourth assessment report of the Intergovernmental Panel on Climate Change[R]. Geneva: IPCC.

Palmer K, Burtraw D. 2005. Cost-effectiveness of renewable electricity policies[J]. Energy Economics, 27(6): 873-894.

Parry I W H, Williams R C, Goulder L H. 1999. When can carbon abatement policies increase welfare? The fundamental role of distorted factor markets[J]. Journal of Environmental Economics and Management, 37(1): 52-84.

Parry M, Arnell N, Berry P M, et al. 2009. Assessing the Costs of Adaptation to Climate Change[M]. London: IIED.

Pearce D W, Markandya A, Barbier E. 1989. Blueprint for a Green Economy[M]. London: Earthscan.

Peck S C, Teisberg T J. 1992. CETA: a model for carbon emissions trajectory assessment[J]. The Energy Journal, 13(1): 55-77.

Peck S C, Teisberg T J. 1993. Global warming uncertainties and the value of information: an analysis using CETA[J]. Resource and Energy Economics, 15(1): 71-97.

Perl L J, Dunbar F C. 1982. Cost effectiveness and cost-benefit analysis of air quality regulations[J]. The American Economic Review, 72(2): 208-213.

Piontek F, Drouet L, Emmerling J, et al. 2021. Integrated perspective on translating biophysical to economic impacts of climate change[J]. Nature Climate Change, 11(7): 563-572.

Pizer W A. 1999. The optimal choice of climate change policy in the presence of uncertainty[J]. Resource and Energy Economics, 21(3/4): 255-287.

Popp D. 2004. ENTICE: endogenous technological change in the DICE model of global warming[J]. Journal of Environmental Economics and Management, 48(1): 742-768.

Reilly J, Hohmann N, Kane S. 1994. Climate change and agricultural trade: who benefits, who loses?[J]. Global Environmental Change, 4(1): 24-36.

Riahi K, Bertram C, Huppmann D, et al. 2021. Cost and attainability of meeting stringent climate targets without overshoot[J]. Nature Climate Change, 11(12): 1063-1069.

Robinson R. 1993a. Economic evaluation and health care. What does it mean?[J]. British Medical

Journal, 307(6905): 670-673.

Robinson R. 1993b. Cost-effectiveness analysis[J]. Frontiers in Neurology, 307(6907): 793-795.

Romeo R, Knapp M, Tyrer P, et al. 2009. The treatment of challenging behaviour in intellectual disabilities: cost-effectiveness analysis[J]. Journal of Intellectual Disability Research, 53(7): 633-643.

Romer P M. 1990. Endogenous technological change[J]. Journal of Political Economy, 98(5): S71-S102.

Sabariego C, Grill E, Brach M, et al. 2010. Incremental cost-effectiveness analysis of a multidisciplinary renal education program for patients with chronic renal disease[J]. Disability and Rehabilitation, 32(5): 392-401.

Sachs J D. 2015. The Age of Sustainable Development[M]. New York: Columbia University Press.

Schlenker W, Roberts M J. 2009. Nonlinear temperature effects indicate severe damages to U.S. crop yields under climate change[J]. Proceedings of the National Academy of Sciences of the United States of America, 106(37): 15594-15598.

Shreve C M, Kelman I. 2014. Does mitigation save? Reviewing cost-benefit analyses of disaster risk reduction[J]. International Journal of Disaster Risk Reduction, 10: 213-235.

Srivastava R K, Hutson N, Martin B, et al. 2006. Control of mercury emissions from coal-fired electric utility boilers[J]. Environmental Science & Technology, 40(5): 1385-1393.

Stern N. 2007. The Economics of Climate Change: The Stern Review[M]. Cambridge: Cambridge Unviersity Press.

Stocker T F. 2004. Models change their tune[J]. Nature, 430(7001): 737-738.

Tavoni M, Kriegler E, Riahi K, et al. 2015. Post-2020 climate agreements in the major economies assessed in the light of global models[J]. Nature Climate Change, 5(2): 119-126.

Tol R S J. 1994. The damage costs of climate change: a note on tangibles and intangibles, applied to DICE[J]. Energy Policy, 22(5): 436-438.

Tol R S J. 1995. The damage costs of climate change toward more comprehensive calculations[J]. Environmental and Resource Economics, 5(4): 353-374.

Tol R S J. 2001. Equitable cost-benefit analysis of climate change policies[J]. Ecological Economics, 36(1): 71-85.

Tol R S J. 2002a. Estimates of the damage costs of climate change. Part 1: benchmark estimates[J]. Environmental and Resource Economics, 21(1): 47-73.

Tol R S J. 2002b. Estimates of the damage costs of climate change, part II. Dynamic estimates[J]. Environmental and Resource Economics, 21(2): 135-160.

Tol R S J. 2005. The marginal damage costs of carbon dioxide emissions: an assessment of the uncertainties[J]. Energy Policy, 33(16): 2064-2074.

Tol R S J. 2007. The double trade-off between adaptation and mitigation for sea level rise: an application of FUND[J]. Mitigation and Adaptation Strategies for Global Change, 12(5): 741-753.

Tol R S J. 2010. The economic impact of climate change[J]. Perspektiven der Wirtschaftspolitik, 11: 13-37.

Tol R S J. 2012. A cost–benefit analysis of the EU 20/20/2020 package[J]. Energy Policy, 49: 288-295.

Ubel P A, DeKay M L, Baron J, et al. 1996. Cost-effectiveness analysis in a setting of budget constraints: is it equitable?[J]. New England Journal of Medicine, 334(18): 1174-1177.

UNDP. 2007. Human development report 2007/2008: fighting climate change: human solidarity in a divided world[R]. New York: United Nations Development Programme.

van de Wetering G, Woertman W H, Adang E M. 2012. Time to incorporate time in cost-effectiveness analysis[J]. The European Journal of Health Economics, 13(3): 223-226.

van den Bergh J C J M. 2004. Optimal climate policy is a utopia: from quantitative to qualitative cost-benefit analysis[J]. Ecological Economics, 48(4): 385-393.

van der Zwaan B, Gerlagh R. 2009. Economics of geological CO_2 storage and leakage[J]. Climatic Change, 93(3): 285-309.

van der Zwaan B C C, Gerlagh R, Klaassen G, et al. 2002. Endogenous technological change in climate change modelling[J]. Energy Economics, 24(1): 1-19.

Vennemo H, Aunan K, He J W, et al. 2009. Benefits and costs to China of three different climate treaties[J]. Resource and Energy Economics, 31(3): 139-160.

Voβ A, Schmid G. 1991. Cost-effectiveness analysis of air-pollution control measures[J]. Energy, 16(10): 1215-1224.

Watson R T, Zinyowera M C, Moss R H, et al. 1996. Climate Change 1995: Impacts, Adaptations and Mitigation of Climate Change: Scientific-Technical Analyses[M]. Cambridge: Cambridge University Press.

Wei Y J, Wang S Y, Lai K K. 2021. Renminbi Exchange Rate Forecasting[M]. New York: Routledge.

Weitzman M L. 2009. On modeling and interpreting the economics of catastrophic climate change[J]. Review of Economics and Statistics, 91(1): 1-19.

Wen Z G, Chen J N. 2008. A cost-benefit analysis for the economic growth in China[J]. Ecological Economics, 65(2): 356-366.

Whitehead J C, Rose A Z. 2009. Estimating environmental benefits of natural hazard mitigation with data transfer: results from a benefit-cost analysis of Federal Emergency Management Agency hazard mitigation grants[J]. Mitigation and Adaptation Strategies for Global Change, 14(7): 655-676.

Wigley T M L, Richels R, Edmonds J A. 1996. Economic and environmental choices in the stabilization of atmospheric CO_2 concentrations[J]. Nature, 379(6562): 240-243.

World Bank. 2012. World development indicators[EB/OL]. https://databank.worldbank.org/reports. aspx?source=2&country=ARE.

Wright T P. 1936. Factors affecting the cost of airplanes[J]. Journal of the Aeronautical Sciences, 3(4): 122-128.

Wu J, Fan Y, Xia Y. 2016. The economic effects of initial quota allocations on carbon emissions trading in China[J]. The Energy Journal, 37: 129-152.

Zhu L, Duan H B, Fan Y. 2015. CO_2 mitigation potential of CCS in China–an evaluation based on an integrated assessment model[J]. Journal of Cleaner Production, 103: 934-947.

Zhu L, Fan Y. 2011. A real options–based CCS investment evaluation model: case study of China's power generation sector[J]. Applied Energy, 88(12): 4320-4333.

Zivin J G, Neidell M. 2014. Temperature and the allocation of time: implications for climate change[J]. Journal of Labor Economics, 32(1): 1-26.

Żylicz T. 1995. Cost-effectiveness of air pollution abatement in Poland[J]. Environmental and Resource Economics, 5(2): 131-149.